与中国哲学对话

日本科学家给孩子的成长书

[日] 藤嶋昭　守屋洋◎著
谢宗睿　任冠虹◎译

人民日报出版社
北京

图书在版编目（CIP）数据

与中国哲学对话 ：日本科学家给孩子的成长书 / （日）藤嶋昭，守屋洋著. -- 北京 ：人民日报出版社，2020.5

ISBN 978-7-5115-6290-6

Ⅰ. ①与… Ⅱ. ①藤… ②守… Ⅲ. ①科学哲学—青少年读物 Ⅳ. ①N02-49

中国版本图书馆CIP数据核字(2019)第293645号

书　　名：与中国哲学对话：日本科学家给孩子的成长书
YU ZHONGGUO ZHEXUE DUIHUA:RIBEN KEXUEJIA GEI HAIZI DE CHENGZHANGSHU
作　　者：［日］藤嶋昭　守屋洋
译　　者：谢宗睿　任冠虹

出 版 人：刘华新
责任编辑：宋　娜　王慧蓉
校　　译：刘军国
封面设计：张曼雪　李　阳
内文插图：［日］佐竹政纪

出版发行：人民日报出版社
社　　址：北京金台西路2号
邮政编码：100733
发行热线：（010）65369527　65369846　65369509　65369510
邮购热线：（010）65369530　65363527
编辑热线：（010）65369533
网　　址：www.peopledailypress.com
经　　销：新华书店
印　　刷：涞水建良印刷有限公司

开　　本：880mm×1230mm　1/32
字　　数：100千
印　　张：8
印　　次：2020年5月第1版　2020年5月第1次印刷

书　　号：ISBN 978-7-5115-6290-6
定　　价：45.00元

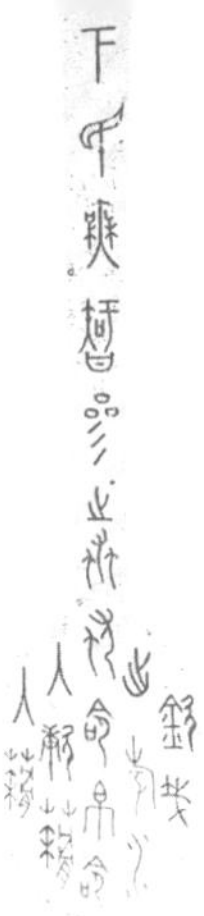

目录

第七篇 求知之乐

中文版序言

听闻拙作中文版即将与中国读者见面，我心中充满喜悦。其实，我的本行是化学。具体而言，我主要从事光触媒反应的相关研究。通过更加有效地利用太阳光等光能，来解决当前人类面临的能源和环境问题，是我的毕生追求。如今，应用光触媒技术的产品得到越来越广泛的应用，而且日本和中国在这方面都走在世界前列。作为该领域的研究者，我深感欣慰，也备受鼓舞。

在长年的科研工作中，我从伽利略、牛顿、巴斯德、爱因斯坦、居里夫人等科学巨人身上获得了无穷的智慧、勇气和灵感。他们在以科学成就改变世界的同时，也用睿智的话语给世人以心灵的启迪。例如，牛顿说过："对今天能够做完的事情，要倾尽全力。这样，明天就能看到向前迈进了一步。"我时常会用这句话来检视自己的工作态度和研究进展。

身为一名日本的理工科研究人员，在科研工作之余，我喜欢阅读中国古代典籍。在日本，"以心传心""温故知新""大器晚成""四面楚歌"等源自中国古代典籍的成语，人们同样耳熟能详。而随着对中国古代典籍的理解不断加深，我不仅惊叹于这些成语言简意赅的语言魅力，更常常为其背后的故事深深打动。

在人生中的许多重要时刻，我都借用中国古代典籍中的名言抒怀咏志。记得16年前，我从东京大学退休时，上了最后一堂公开课，向大家汇报我的研究历程。当时有500余人特意前来见证这一时刻。他们中既有东京大学的教授和学生，也有我曾经教过的弟子。在这堂公开课的最后一张幻灯片上，我写下了“新发于硎”几个大字。此语出自《庄子》。对我而言，再没有其他任何语言比这三个字更能表达自己当时那种“砥砺锋刃再出发”的心境（**译注：根据日本相关规定，包括东京大学在内的公立学校，所有教职员工均有退休年限。因此，藤嶋昭先生从东京大学退休后，受邀前往私立的东京理工大学，继续从事科研和教学工作**）。

这本小书是我的一种尝试。我希望在书中让东西方先贤伟人的名言交相辉映，让科学家、哲学家、文学家、实业家的哲思融会贯通，共同指引我们向未来前行。若得如此，将是我最大的荣幸。

藤嶋昭

2020年1月于东京

序言

近年来，人类科学的进步可谓日新月异。IoT、AI、大数据、无人驾驶……层出不穷的新名词让人眼花缭乱。稍不留神，就很难跟上科技发展的步伐。

50年前，是汽车、彩电普及的时代；100年前，火车、电话进入人们的生活。如果再往前回溯，在日本的战国时代至江户时代，欧洲先是经历了文艺复兴，诞生了哥白尼、开普勒、伽利略等一大批主张日心说的科学巨匠；其后，牛顿横空出世，成了一个时代的标志。

比伽利略更早一些活跃在历史舞台上的，是被誉为“文艺复兴三杰”的达·芬奇、米开朗琪罗和拉斐尔。在梵蒂冈，至今仍保存着拉斐尔的杰作《雅典学院》。这幅巨大的壁画生动描绘了2000多年以前在希腊各领风骚的柏拉图、亚里士多德、毕达哥拉斯等先哲。

当雅典文明绽放绚烂光芒照亮欧亚大陆西端的同时，在欧亚大陆的东端，以孔子为代表的一大批圣贤也活跃在中国这片土地上。他们睿智的哲思、深邃的洞见，融于《论语》《庄子》等典籍之中，让后世之人在千年之后仿佛依然能够当面与他们对话、聆听他们的教诲。

说回这本小书，它是我与守屋洋先生共同的心血结晶。守屋洋先生是日本研究中国古代典籍的大家，而我则一生执着于探究科学真理。在我看来，以这种作者组合来推出这样一本小书，也许算得上前所未有吧。

作为一名中国古代典籍的崇拜者，我拜读过守屋洋先生的许多大作。半年前，拙作《献给理科生的中国古典名言集》出版之际，守屋洋先生亲自为该书题写了推荐语。承蒙守屋洋先生如此厚爱，我感激不已。以此为契机，我得以有幸与这位中国古代典籍研究领域的权威多次见面欢谈。在思想的碰撞中，我们一次又一次惊讶地发现，西方科学巨匠和中国先贤留下的名言名句中竟有如此之多的异曲同工、不谋而合之处。而采撷这些全人类共通的智慧精华，正是我们编写这本小书的初衷。

当然，在探寻中西先哲思想共通性的同时，我们也衷心希望诸位读者能够发现其中的微妙区别，并由此享受思考的乐趣。

2011年，东京书籍出版社曾出版拙作《改变时代的科学家之名言》。本书中的有关内容正是在此基础上编写而成。在此，谨向东京书籍出版社的植草武士、菱沼光代致以诚挚谢意。

我所就职的东京理科大学的伊藤真纪子、岩崎等、宫本崇、木村茧子、关村博道也为本书提供了诸多宝贵建议。朝日学生新闻社的植田幸司、高见泽惠理、佐藤夏理为本书的出版提供了莫大的帮助。在此一并致以衷心感谢。

藤嶋昭

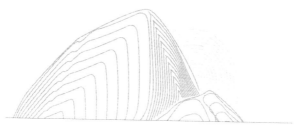

日本科学家

给孩子的成长书

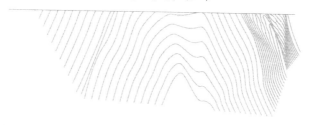

第一篇

何谓人生

人的一生似长实短。作为一个人，如何过好日复一日的生活，如何学会与或熟悉或陌生的人打交道，如何让自己的人生充实而快乐，下面这些先贤伟人的话值得我们长留心间。

科学家名言

毕达哥拉斯

要言简意赅，不要言繁意空。

——古希腊数学家、哲学家、天文学家毕达哥拉斯

（前582—前496）

毕达哥拉斯

毕达哥拉斯出生于爱琴海中的萨摩斯岛，曾受教于泰勒斯。他在埃及游学多年，后来移居意大利南部的克劳东，并开设学校。毕达哥拉斯一生注重“数的秩序”，主张运用数学来理解自然的原理，在音乐、天体运行等研究领域也多有创见。例如，他发现了“毕达哥拉斯定理”，还在人类历史上首次提出地球以及其他天体的几何形状为球形。毕达哥拉斯的思想还深刻地影响了柏拉图等思想家。

藤嶋的话

文艺复兴巨匠拉斐尔在传世名作《雅典学院》中描绘了正在进行数学演算的毕达哥拉斯。三角形的内角和为180度、自然数分为奇数和偶数……这些数学原理均源于毕达哥拉斯。从他身上能够看到，最基本的道理往往用最简单的语言就能表述清楚。

中国古典名言

老子

大巧若拙，大辩若讷。天地有大美而不言，四时有明法而不议，万物有成理而不说。

——《道德经·第四十五章》

译文

大自然鬼斧神工，虽然看上去没有雕琢之痕，却是天工神化；而人为之巧不过是匠工之巧。天地有大美而不言，四时有明法而不议，万物有成理而不说。

《道德经》

《道德经》是道家思想的代表作，全文仅5000字左右，共分为81章，每章均由短小精悍的名言构成。《道德经》认为，“道”是世间万物的根源，而“德”是“道”的体现。在社会治理方面，《道德经》提倡返璞归真、清静无为。该书作者相传为与孔子同时代的老聃。

守屋的话

当一个人勇担使命、负重前行时，话自然就会变少。即便有什么想法必须让别人知道，也会只用三言两语，就把事情讲清楚。

科学家名言

德谟克里特

一位智友胜过一众愚友。

——古希腊哲学家德谟克里特（约前460—前370）

德谟克里特

德谟克里特出生于色雷斯的阿布德拉（一说为米利都）。他曾求学于波斯的僧侣和埃及的神职人员，还曾游历埃塞俄比亚、印度等地。在哲学之外，德谟克里特还通晓数学、天文学、诗学、伦理学、生物学等诸多学问。因博学多识，德谟克里特被当时的人们称为“索菲亚”（在希腊语中意为“智慧”）。由于他生性开朗，因而也被称为“笑的哲学家”“微笑之人”。德谟克里特在老师留基伯的影响下，提出了原子论。而直到2000多年以后，现代原子理论才得以问世。

藤嶋的话

用“原子”这一概念来解释宇宙的构成，德谟克里特这种先驱性的洞见，至今仍让人感到震撼。他还有另外两句名言同样发人深省：“任何事情都不是偶然发生的。”“没有节日庆典的生活，就如同没有旅馆的漫长街道。”

中国古典名言

孔子

益者三友，损者三友。友直，友谅，友多闻，益矣。友便辟，友善柔，友便佞，损矣。

——《论语·季氏》

译文

有益的朋友有三种，有害的朋友有三种。与刚直的人、诚实的人、博识的人交朋友，是有益的。与谄媚逢迎的人、两面三刀的人、花言巧语的人交朋友，是有害的。

《论语》

《论语》是孔子（前551—前479）的言行录。正所谓“西方有《圣经》，东方有《论语》”，作为为人处世的教科书，人们对《论语》的解读和传承从古至今不曾间断。

《论语》起自《学而》，结于《尧曰》，共由20篇构成。全书收录近500篇短文，大多以孔子的言论为中心，主要记录了孔子与弟子的问答。孔子曾说：“吾十有五而志于学。”（《论语·为政》）但由于他年少时家境贫寒，求学之路也充满艰辛。因此《论语》里这段关于慎择良友的忠告，也许正是孔子从自身经历中参悟得来的吧。

守屋的话

如果一生中能够结交“益者三友”那样的朋友，一定能够提升自我，终身受益。反之，假若结识了“损者三友”那样的朋友，则可能被引入歧途，虚度一生。

科学家名言

列奥纳多·达·芬奇

要离开一段距离。当你的工作变得愈来愈渺小时，你便可看清它的全部。

——意大利文艺复兴时期的代表性艺术家、自然科学家列奥纳多·达·芬奇（1452—1519）

列奥纳多·达·芬奇

达·芬奇早年在佛罗伦萨学艺，后来独自创立了工作室。他一生精通绘画、雕刻、建筑、解剖以及各种科学技术，在诸多领域均有重要成就。仅在绘画领域，达·芬奇就创作了《蒙娜丽莎》《最后的晚餐》等不朽名作。

藤嶋的话

佛罗伦萨是一座无论去过多少次都还想再去的美丽城市。那里有优美古朴的街道、数不胜数的美术馆。这座城市也曾是达·芬奇、米开朗琪罗、拉斐尔等艺术巨匠活跃的舞台。

达·芬奇还说过这样的名言：

“光源越明亮，被其照射的物体投下的阴影就越浓厚。”

“充实的一天，带来幸福的安睡；充实的一生，带来幸福的长眠。”

中国古典名言

蜗牛角上争何事

石火光中，争长兢短，几何光阴？

蜗牛角上，较雌论雄，许大世界？

——《菜根谭·后集》

译文

人生如电光火石般短暂，究竟有多少光阴能用来争名夺利？在蜗牛触角般的纤末之处争强好胜，对大千世界又有何意义？

《菜根谭》

《菜根谭》是糅合了道、儒、释三家处世智慧精髓的中国古代典籍。全书分为前集和后集，共由360多篇简练明隽的短文构成，内容通俗易懂。《菜根谭》的作者是明代的洪应明（字自诚）。他曾通过科举考试步入仕途，后来却辞官退隐，后半生潜心研究道教和佛教。“菜根”意为“粗劣的食物”，“谭”是“讲述”的意思。《菜根谭》在江户时代传入日本，此后在社会各阶层广泛传播，并被人们奉为处世指南而世代传诵。

守屋的话

人生苦短，人世渺小。若能觉悟到这一点，也许就能够开创全新的人生境界。

科学家名言

埃瓦里斯特·伽罗瓦

我没有时间了。

——法国青年数学家埃瓦里斯特·伽罗瓦
（1811—1832）

埃瓦里斯特·伽罗瓦

伽罗瓦少年时接触到初等几何学教科书后，便狂热地爱上了数学。其后，他进入教师预备学校（现在的高等师范学院），但因参与过激的政治活动而被投入监狱。在一次决斗中，伽罗瓦不幸身亡，年仅21岁。在决斗的前一天晚上，他奋笔疾书，想要把自己所有的数学研究成果留存下来。人们将这些研究成果称为“伽罗瓦理论”。伽罗瓦理论不仅为世人打开了现代数学的大门，而且对以相对论和量子力学为代表的现代科学理论，产生了重大而深远的影响。在伽罗瓦生前，他的数学理论就连被称为“数学王子”的高斯也未能参透。

藤嶋的话

在著名的科学家中，伽罗瓦是去世时最年轻的一位。对数学研究而言，年轻时的想象力极其重要。但伽罗瓦在20岁左右就能取得如此成就，令人叹为观止。从他身上，人们应该认识到，人的才能与年龄无关。

中国古典名言

陶渊明

人生似幻化。

——陶渊明《归园田居》

译文

人生就如梦幻一般。

陶渊明

陶渊明（365—427），名潜，东晋诗人。他因厌恶官场而辞官回乡闲居，并创作了许多吟咏归隐心境和田园生活的诗歌，因而被称为“田园诗人”。

守屋的话

人生苦短，世事无常。每个人都应该明白这一点，过好自己想要的人生。

科学家名言

亨利·福特

不考虑未来的人，就没有未来。

——美国技术专家、实业家亨利·福特（1863—1947）

亨利·福特

福特年轻时在底特律一边做机械师和技术人员，一边自己试制四轮汽车。后来，他创办了福特汽车公司，并开发了运用流水线作业来进行大规模生产的全新生产方式，为汽车的大众化普及做出了巨大贡献。福特汽车公司生产的“T型车”是全世界首台面向大众的实用车，彻底改变了人们的生活方式。流水线生产方式后来被广泛应用于其他工业生产领域，对20世纪的人类社会产生了重要的影响。

藤嶋的话

对于生活在现代社会的人来说，没有汽车的世界，是无法想象的。不仅是在大都市，在乡村尤其是在那些地广人稀的地区，汽车更是人们生活中不可或缺的必需品。近年来，随着汽车技术突飞猛进，混合动力汽车、电动汽车、燃料电池汽车等新型汽车层出不穷，自动驾驶技术也成为当前最热门的研究项目之一。

中国古典名言

脚踏实地

人无远虑，必有近忧。

——《论语·卫灵公》

译文

如果不对未来之事进行预先谋划，那么事到临头必定会出现近在眼前的忧虑。

《论语》

《论语》是对孔子言行的记录。孔子一生致力于实现自己的理想，试图恢复周礼，但他并不是一个单纯的理想主义者。孔子曾亲自站到政治斗争的最前线，投身于权谋的旋涡之中，因此他对于改变现实政治何其困难，有着切身体会。

如何在理想和现实之间实现妥协和平衡，这显然不仅是政治的问题，也是每个人在人生中必须直面的问题。

守屋的话

脚踏实地、立足当下固然重要，但与此同时，还应该放眼远方、展望未来。如果能做到二者兼顾，则不会惑于眼前之得失。

科学家名言

弗兰克·劳埃德·赖特

活得愈久，人生就会愈加美好。

——美国建筑家弗兰克·劳埃德·赖特

（1867—1959）

弗兰克·劳埃德·赖特

赖特倡导“与自然融合”的建筑哲学，在美洲大陆留下了许多不朽的建筑作品。他还曾参与日本帝国饭店的设计。赖特与勒·柯布西耶、路德维希·密斯·凡·德·罗并称“近代建筑的三大巨匠”。他以一系列草原样式住宅作品，为美国郊外住宅开创了全新的建筑样式。赖特的代表作有卡夫曼别墅（流水别墅）、古根海姆美术馆等。

藤嶋的话

对于赖特的这句名言，仁者见仁，智者见智。这是因为正反两方面的例子都数不胜数。因此，人们应当辩证地加以理解。

中国古典名言

善始善终

功成身退，天之道也。

——《道德经·第九章》

译文

事业获得成功后抽身离开，这才符合天道。

《道德经》

《道德经》里面还有这样的话："持而盈之，不如其已；揣而锐之，不可长保。金玉满堂，莫之能守；富贵而骄，自遗其咎。"

守屋的话

世人都希望直到晚年仍拥有美满的人生，但在现实中，晚节不保、未得善终的却大有人在。人生若要善始善终，《道德经》里的这句名言应常傍耳边。

科学家名言

野口英世

人们应当知道，人的一生中，幸福也好，灾祸也罢，都是自己创造的。周围的人，周围的环境，也都不过是自己投射出的影子。

——日本细菌学家野口英世
（1876—1928）

野口英世

野口英世1岁时曾不慎跌入地炉导致左手被烧伤。长大后，在治疗伤残的过程中，他立志从医。野口英世先后在济生学舍（现在的日本医科大学）、传染病研究所学习和工作，并赴哥本哈根的血清研究所留学。后来，他在洛克菲勒医学研究所从事梅毒螺旋体的研究。在非洲西部研究黄热病期间，野口英世因感染病毒不幸去世。在日本，野口英世享有崇高的荣誉，他的肖像曾经被印在1000日元的纸币上，日本政府还专门创设了“野口英世非洲奖”。日本书店里也随处可见向青少年宣传野口英世事迹的传记。

藤嶋的话

野口英世的传记非常著名，我初中时也曾经阅读过，当时的感动之情至今仍记忆犹新。野口英世出生于日本福岛县的贫穷农家。由于小时候不慎跌入地炉，他的左手落下伤残。在接受手术治疗后，野口英世发奋学习语言学和医学，并在20岁时获得了医师执照。如今，在日本医科大学的校园里，有一个角落专门展出野口英世的照片。

中国古典名言

以德立身

默而成之，不言而信，存乎德行。

——《易经·系辞上传》

译文

有些人沉静不语就能获得别人的信任，把事情办成，这全是因为他们拥有高洁的德行。

《易经》

《易经》成书于西周初期，是探究天地万物变化规律的中国古代典籍，后来由于受到儒家的重视，所以也被列为儒家的经典之一。《易经》将世间万象分为六十四卦，全书内容由对卦进行说明的《经》和具有解释学意义的《传》构成。在古代，人们常常用《易经》进行预测。但实际上，《易经》并非现代人理解的占卜之书。这部中国古代典籍最大的魅力其实在于那些精微深奥的哲理。

守屋的话

《易经》里的这句名言是在阐释德行所能带来的益处。即便沉默不语，也会有众人追随，这就是德行的魅力。

想要在人际交往中得到他人的信任，磨炼自身能力固然必不可少，但仅有能力是远远不够的，还必须具备高尚的品德。能力和品德犹如鸟之双翼、车之两轮，缺一不可。

科学家名言

寺田寅彦

科学绝不会扼杀奇思妙想，而只会催生奇思妙想。

——日本物理学家、诗人、散文家寺田寅彦（1878—1938）

寺田寅彦

寺田寅彦就读于日本熊本县的第五高等学校时，师从时任该校英语教师的大文豪夏目漱石，并深受其影响。他曾赴柏林大学留学，返回日本后，成为东京帝国大学（现在的东京大学）的教授。寺田寅彦主要致力于地球物理学、实验物理学等方面的研究，在观测潮汐的副振动、利用X射线进行结晶解析等领域均颇有建树。他与夏目漱石一直保持着亦师亦友的亲密关系，创作了众多融科学性与文学性于一体的独特散文。

藤嶋的话

夏目漱石的名著《三四郎》的人物原型之一就是寺田寅彦。

寺田寅彦的散文充满诗情画意，而他的《海啸与人类》更是值得人们认真品读。在这本著作中，寺田寅彦指出，日本东北地区沿岸大约每40年就会遭受一次严重的海啸灾害。如果当初日本决定在东北地区沿岸建设核电站之前，能够想起寺田寅彦的忠告，何至于有今日之灾祸。（**译注：2011年3月11日，日本东北地区发生重大地震海啸灾害，并随即导致东京电力公司福岛第一核电站发生严重事故。该事故是人类和平利用核能历史上最为重大的事故之一，其后续处理工作至今仍远未结束。**）

中国古典名言

效法先贤伟人的言行

君子以多识前言往行，以畜其德。

——《易经·大畜卦》

译文

君子通过多方学习前贤的言论、往圣的事迹，来涵养自己的美好品德。

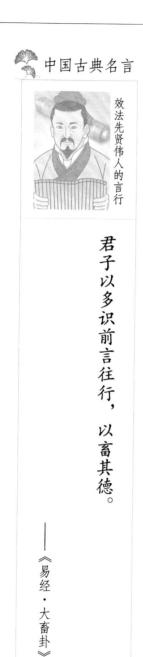

《易经》

《易经》的这句名言中提到的“前言往行”记载于何处呢？毫无疑问，人们应该从古代典籍中去寻找。

在人类历史上，从古至今诞生过无数书籍。那些没有意义和价值的书籍很快就会湮灭于历史长河之中，不见踪迹。只有那些能够穿越1000年、2000年的漫长时光，经受住严酷的历史考验，直到今天依然被人们传诵的书籍，才能被称为经典。这些古代典籍之所以拥有如此顽强的生命力，是因为其中包含着无论在任何时代都能够让人受益的道理。领悟这些道理，可以增加人生的广度和厚度。

守屋的话

无论是东方还是西方，古代典籍中都记载着无数先贤伟人的言论事迹。其中，富含为人处世精髓的名言俯拾皆是。生活在现代社会的人，如果能够读懂读通读透这些名言，将会从中获得取之不尽的智慧和能量。

科学家名言

蕾切尔·卡森

夜尽而朝至，冬去而春来。在这样的确定性之中似乎蕴藏着某种无穷的力量，能够给予我们慰藉和疗愈。

——美国海洋生物学家、作家蕾切尔·卡森

（1907—1964）

蕾切尔·卡森

卡森先后就读于宾夕法尼亚女子大学和约翰·霍普金斯大学。她曾在美国联邦渔业局工作，但后来成为专职作家。1962年，卡森的代表作《寂静的春天》面世，引起了人们对环境问题的空前关注。该书也因此获得无数赞誉和奖项。卡森的遗作《惊奇之心》是她最后留给世人的忠告。时至今日，她的著作依然在环境教育、幼儿教育等领域发挥着持续而深远的影响。

藤嶋的话

沙滩上小螃蟹的足迹、海岸边浪涛的节拍、草丛中虫儿的鸣叫……在《惊奇之心》这本书中，卡森用充满感性的笔触，描述了大自然之伟力，同时也淋漓尽致地表达了自己对于大自然的敏感和热爱，令读者无不为之动容。

不仅是科学家，这本书值得每个人静下心来，细细品读。

中国古典名言

善用自然之力

天地本宽，而鄙者自隘。
风花雪月本闲，而劳攘者自冗。

——《菜根谭·后集》

译文

天地之间，原本宽广无限，但志趣低下的人往往将自己的视野局限于很狭隘的范围内。四季变换，原本安闲美好，但劳苦忧心的人常常自寻烦恼。

《菜根谭》

《菜根谭》的底色是老庄思想中的天人合一思想。这句名言鼓励人们远离尘世纷扰，投入大自然的怀抱之中，去追寻人的天性。

守屋的话

投身自然，能够疗愈疲惫的心灵。人们应该珍视祖先留下的青山绿水，追求人与自然的和谐共存。

科学家名言

理查德·费曼

第一原则就是不要自欺欺人。

——美国物理学家理查德·费曼（1918—1988）

理查德·费曼

费曼先后在麻省理工学院、普林斯顿大学攻读物理学，后在康奈尔大学、加州理工学院任教。第二次世界大战期间，他参与了曼哈顿计划。1965年，因在量子电磁力学领域的重大贡献，费曼与朱利安·施温格、朝永振一郎共同获得诺贝尔物理学奖。此后，他的名字更因《费曼物理学》《别闹了，费曼先生》等著作而为世人所熟知。

藤嶋的话

早年间，我购买过一本《别闹了，费曼先生》，但匆匆翻过几页后，便搁到一边了。如今，深入了解了费曼的生平事迹后，我深深折服于他的才华、正直和幽默。于是，我下定决心，一定要重新认真拜读这本《别闹了，费曼先生》。

中国古典名言

诚者，天之道也。诚之者，人之道也。

——《中庸·第二十章》

译文

真实是天地万物遵循的规则。努力追求真诚无妄是做人的原则。

《中庸》

《中庸》是儒家最重要的经典之一，与《大学》《论语》《孟子》合称为“四书”。该书主要围绕“中庸”和“诚”这两个关键词，阐发了儒家的哲学思想。

“诚”为何物？就是不欺瞒、不伪饰。这是天地万物原本的状态，人类也不应该例外。然而，世人常常为欲望所惑，致使本真之诚心蒙尘。因此，人们必须不断努力，去追求“诚”的真义，这也是为人的基本原则。

守屋的话

日本社会有注重诚信的传统，“至诚”等词语常常被人们作为座右铭。这种优秀传统值得当今的人们继承和发扬。

科学家名言

人生的意义在于专注在能够做的事情上，而不在于为不能做的事情后悔。

——英国理论物理学家斯蒂芬·霍金（1942—2018）

斯蒂芬·霍金

霍金先后在牛津大学和剑桥大学攻读物理学、宇宙学。32岁时，他成为历史上最年轻的英国皇家学会会员。1979年至2009年，霍金一直在剑桥大学任卢卡斯教授。他在“黑洞蒸发理论”、相对论等理论中融入量子理论，提出了“无边界假说”。霍金的《时间简史》等著作在全世界范围内成为超级畅销书，“轮椅上的宇宙物理学家”这一独特形象也被永远定格在了人类的历史画卷上。

藤嶋的话

作为科普作家，霍金留给世人许多伟大著作。我读过霍金与其女儿露西合著的《霍金博士的宇宙冒险》，书中的内容深深打动了我。

霍金曾经这样鼓励人们：“当你热爱现在的工作，尽心竭力去做好它的时候，未来的道路就会自然而然地出现在你眼前。”

中国古典名言

图未就之功，不如保已成之业。悔既往之失，不如防将来之非。

——《菜根谭·前集》

译文

与其贪图那些遥不可及的功业，不如坚守已经成功的事业。与其追悔过去的失败，不如提前防备未来可能出现的错误。

《菜根谭》

《菜根谭》融处世哲学、生活艺术、审美情趣于一体，体现出对各种思想的融通和包容。

例如，该书既鼓励世人出仕求功名，又提倡悠然自得的生活方式；既向人们传授在残酷的现实社会中生存的智慧，又为迷惘苦闷之人提供心灵救赎解脱之道；既推崇隐士的品格节操，又对那些以天下为己任的精英人物大加赞赏。

上面这句名言就是在谈如何取得事业上的成功。

守屋的话

《菜根谭》里的这句名言与霍金的话有着微妙的区别，但同样是鼓励人们通过实际努力来追求成功。

第二篇

利他之心

“让世界变得更美好。”这是无数先贤伟人穷尽一生的执着追求。教育家、哲学家、医生、测绘家……他们运用自己的智慧，以不同的方式为这个世界做出了自己的贡献。从他们的言行中，人们能够学会如何让世界变得更美好。

科学家名言

柏拉图

对青少年，不要用暴力和威严加以灌输，而要利用他们的兴趣，对其加以引导。

——古希腊哲学家柏拉图（前427—前347）

柏拉图

柏拉图出生于雅典一个具有王族血统的贵族家庭。青年时代，他跟随苏格拉底学习哲学和辩论术。柏拉图曾远游意大利（西西里）、埃及等地，并与毕达哥拉斯学派进行交流。后来，他在雅典郊外开设学园，世称“柏拉图学园”。柏拉图一生致力于天文学、生物学、数学、政治学、哲学等方面的教育和著述工作，撰写了《申辩篇》《理想国》等不朽著作。他的思想成为西方哲学最重要的源头之一，对后世产生了极为深远的影响。

藤嶋的话

在对孩子进行教育的过程中，最重要的不是批评，而是表扬和鼓励。任何人在受到表扬后，都会感到高兴，这是人之常情。特别是来自老师的赞扬，会成为学生一生的美好回忆。

柏拉图有许多名言流传后世。例如，“感到惊奇是求知的开端”。

中国古典名言

拿出勇气来

不曰『如之何、如之何』者，吾末如之何也已矣。

——《论语·卫灵公》

译文

一个人如果从来都不思考『该怎么办』『怎么办才好』，我对这种人也不知道该怎么办才好。

《论语》

孔子去世时享年73岁，终其一生都未能实现恢复周礼的志向。但无论身处何种逆境，孔子都不堕其志，总是保持着旺盛的热情和勇气，为了实现自己的理想不畏艰难困苦，四处奔走。

孔子在教诲弟子时，最注重的就是鼓舞他们的干劲。上面这句名言就是最好的例子。

守屋的话

如果能够鼓舞起对方的干劲，那么教育的目的至少已经实现了一大半。比起拙劣的说教来，激发起对方的勇气显然更为高明。

科学家名言

伊能忠敬

我想好好做一些对后世有用的事情。

——日本测量学家伊能忠敬
（1745—1818）

伊能忠敬

伊能忠敬18岁时入赘伊能家，通过酿造酒和酱油以及发放高利贷，积累了大量财富。50岁时，他将家业交由长子负责，自己前往江户（现在的东京）潜心研究测量和天文观测。从55岁开始的17年间（1800—1816），伊能忠敬主持江户幕府的国家级项目，对日本全国进行了测量，完成了《大日本沿海舆地全图》。该地图的精度以及色彩的美感在当时赢得了欧美国家的高度赞誉。2010年，日本政府将伊能忠敬进行测绘工作的相关资料2000余件，全部认定为“国宝”。

藤嶋的话

在日本，伊能忠敬被称为“中老年之星”“将人生活了两遍的男人”。从55岁到72岁，他用17年的时间踏遍日本全国，对日本各地以及大大小小、不计其数的岛屿进行了10次测量。日本作家井上厦以伊能忠敬为原型，创作了小说《走了四千万步的男人》。这部小说讲述了伊能忠敬通过35000公里的徒步测量，绘制出精确的日本全国地图的感人事迹。

中国古典名言

墨子

故所为功，利于人谓之巧，不利于人谓之拙。

——《墨子·鲁问》

译文

无论做什么，对人有用的，就是高明的，对人没用的，就是拙劣的。

《墨子》

《墨子》全书共53篇，是记载墨子（名翟）言行思想的中国古代典籍。墨子是战国时代初期的思想家。他提出“兼爱（博爱）”“非攻（反对战争）”“尚贤（重视人才）”等主张。墨家与以孔子为代表的儒家，在思想上形成鲜明对照。墨子的生平不详，后世只知道他出身于手工业者。除了思想家这一身份之外，墨子还是当时最杰出的技术工匠之一。

守屋的话

《墨子》里的这句名言可以说是墨子的“技术论”。他认为，技术就应该造福世人。只有墨子这样深知劳作之苦的人，才能说出这样的名言。

科学家名言

阿尔弗雷德·诺贝尔

科学技术的进步往往伴随着危险。只有首先克服这一点，才能够为人类的未来做出贡献。

——瑞典化学家、实业家阿尔弗雷德·诺贝尔
（1833—1896）

阿尔弗雷德·诺贝尔

诺贝尔发明了甘油炸药。由于这种炸药能够在施工现场爆破岩石，所以迅速得到广泛普及。诺贝尔也因此获得了巨额财富。但他看到自己发明的炸药被用于战争，造成重大人员伤亡，因而深感痛心和悔恨。为此，诺贝尔立下遗嘱，将其遗产的大部分作为基金，用于创设“诺贝尔奖”。直到今天，每年的诺贝尔奖颁奖仪式都在诺贝尔的忌日12月10日举行，以纪念他的伟大功绩。

藤嶋的话

在当今世界，诺贝尔奖拥有无可匹敌的权威性。也许诺贝尔本人在创设诺贝尔奖时，也没有预想到该奖项能够得到世人如此认可。现在，每年10月诺贝尔奖得主的公布已经成为全世界一年一度的盛事，吸引着所有人的目光。第一位获得诺贝尔奖的日本人是汤川秀树。我所在的东京理科大学也诞生过诺贝尔奖得主，他就是曾就读于我校研究生院的大村智先生（2015年获诺贝尔生理学·医学奖）。

中国古典名言

庄子

有机械者，必有机事。有机事者，必有机心。

——《庄子·天地》

译文

有了能够提高劳动效率的机械，就必然会去做机巧之事。做了机巧之事，就必然会产生机巧之心。

《庄子》

《庄子》与《道德经》同为道家思想的代表性典籍。因此，道家思想通常也被称为“老庄思想”。道家思想最大的特点之一，就是很早就开始关注人类文明发展所产生的负面影响，并对世人提出了警告。上面这句名言就很好地反映了这一点。《庄子》全书共33篇，作者是战国时代的思想家庄周。

守屋的话

无论是否同意其观点，人们都不得不承认，道家思想对于人类文明的批判具有一定的道理。文明发展给人类带来的好处之一就是生活越来越便利。如何既享受人类文明发展所带来的便利，同时又化解其负面影响，这是历史赋予人们的课题，时刻考验着人类的智慧。

科学家名言

北里柴三郎

医生的使命是预防疾病。

——日本细菌学家、医生北里柴三郎（1853—1931）

北里柴三郎

北里柴三郎先后就读于熊本医学校、东京医学校（现在的东京大学医学部），在青年时代便立志研究预防医学。后来，他赴德国留学，师从著名细菌学家罗伯特·科赫。在此期间，北里柴三郎成功培养出导致破伤风的芽孢杆菌，进而开创了血清疗法。返回日本后，他得到福泽谕吉的帮助，创立了传染病研究所，发现了鼠疫杆菌。北里柴三郎还创办了北里研究所、庆应义塾大学医学部、日本医师会等机构，为推动日本医学的发展贡献了毕生精力。

藤嶋的话

在日本的私立大学中，北里大学的生命科学系一直在该领域名列前茅。2015年的诺贝尔生理学·医学奖获得者大村智先生在东京理科大学获得硕士学位后，就职于北里大学，并取得了杰出的研究成就。

中国古典名言

吕新吾

天下之事，在意外者常多。众人见得眼前无事，都放下心。明哲之士，只在意外做工夫。故每万全而无后忧。

——《呻吟语·应务》

译文

在这个世界上，经常会发生人们意料之外的事情。普通人只看到眼前没有发生什么，便觉得高枕无忧。然而，聪慧贤明的人从不懈怠，时刻都在为应对意外事态进行积极准备。因此，他们无论何时都有万全之策，绝不会给以后埋下隐患。

《呻吟语》

《呻吟语》是明代吕新吾（名坤，1536—1618）的自省录。他通过科举考试，成为高级官僚，但因为人正派、独有傲骨，而遭人嫉恨，多次被贬谪。吕新吾时常将自我反省的心得记录下来。这些记录后来被整理集结成《呻吟语》。“呻吟”二字，意为生病时发出的痛苦之声。该书于江户时代流传至日本，直到今天都备受推崇。

守屋的话

对预防工作的重视，不应局限于医学领域。面对跌宕起伏的人生，每个人都应该在头脑中时刻牢记“预防”二字。

“一叶知秋”的悟性是无法让他人教给自己的，只有在实践中不断摸索锻炼，才能提高未雨绸缪的能力。

科学家名言

阿尔贝特·施韦泽

人生因给予而丰富。

——德国医生、哲学家、音乐家阿尔贝特·施韦泽
（1875—1965）

阿尔贝特·施韦泽

施韦泽青年时代在斯特拉斯堡大学学习神学和哲学，后来又转攻医学。从38岁开始，他将全部精力都奉献给了非洲的医疗事业。施韦泽在欧洲各地进行演讲和管风琴演奏，为他在非洲建立的医院募款。施韦泽的善行义举在全世界赢得广泛赞誉。第二次世界大战结束后，施韦泽围绕核问题，掀起了反战运动的浪潮。1952年，他荣获诺贝尔和平奖。“敬畏生命”的哲学思想和对巴赫音乐的深入研究，让施韦泽永远受到人们的尊敬和怀念。

藤嶋的话

施韦泽少年时曾经目睹人们鞭打年老孱弱的马匹，将它们赶进屠宰场。这一惨况深深地震撼了他的心灵，让他产生了应该爱护一切生命的念头。施韦泽30岁时进入医学部学习，并顺利成为一名医生。此后，他坚持不懈地为非洲民众提供医疗服务，直至90岁人生终结之时。

施韦泽曾说过：“越是有力量的人，越是默默无闻地行动。真正的道德，始于言语之外。”

中国古典名言

学会谦让与给予

径路窄处，留一步与人行。滋味浓处，减三分让人尝。此是涉世一极安乐法。

——《菜根谭·前集》

译文

在狭窄的路上行走，要留出一点余地，让别人通行。遇到美味可口的食物，要留出三分，让别人品尝。这就是一个人立身处世能够得享安乐的精髓之所在。

《菜根谭》

遇到什么好处，都嚷嚷着“是我的、是我的”，这种妄图独吞利益的做法，必然招致他人的反感和怨恨。由此而给自己引来灾祸的例子也屡见不鲜。

因此，在利益面前，每个人都应该想起上面这句名言。

守屋的话

学会谦让和给予，不仅能够让每个人与周围人的关系变得圆满和谐，也能够让自己的内心充满富足感和安宁感。

第三章

磨炼自我

先贤伟人用自强不息的事迹告诉世人，无论身逢哪个时代、身处何种境地，都要坚信自己拥有无限的潜能，为了更高远的目标而不懈奋斗。让我们一起聆听他们鼓舞人心的教诲吧。

科学家名言

亚里士多德

为你的心灵设限的，不是对手，而是你自己。

——古希腊哲学家亚里士多德（前384—前322）

亚里士多德

亚里士多德的父亲是马其顿的宫廷御医。亚里士多德曾受教于柏拉图，后来自己在雅典开设了一所名为“吕克昂”的学园。他常常在学园的走廊里，一边散步，一边和弟子探讨问题。亚里士多德博学多识，曾担任亚历山大大帝的家庭教师。他创立的学派被称为“逍遥学派”，他本人则被后世尊为“万学之祖”。

藤嶋的话

亚里士多德指出：“热爱智慧是人类的本性。”他将“爱”（*philo*）和“智慧”（*sophy*）这两个词组合起来，创造了“哲学”（*philosophy*）这一概念。日本人将“*philosophy*”翻译为“哲学”，这一单词后来又传入中国并被沿用至今。

中国古典名言

力不足者，中道而废。今女画。

——《论语·雍也》

译文

如果真的是力量不够，应该走到中途停下来。现在你却还没有开始走，就画地自限了。

《论语》

孔子三十而立，开始收徒施教。随着声望日隆，他的弟子也不断增加，据说最多时曾超过3000人。孔子的教育观，一言以蔽之，就是要培养君子。

孔子有一位弟子名叫冉求。他擅长政治实务，性格上拘谨寡言。有一次，冉求向孔子说道："我不是不喜欢您的学说，而是我自己的能力不够。"于是，孔子便用上面这句名言回答了他。

守屋的话

一个人如果老是自己打退堂鼓，就什么事情也干不成。所以，不管想做什么，都应该先干起来再说。只有行动起来，才有可能打开新的局面。

科学家名言

罗杰·培根

人越贤明，就越是会弯下腰来，向他人学习。

——英国哲学家、科学家罗杰·培根

（1214—1294）

罗杰·培根

培根曾就读于牛津大学，后来担任该校教授。他对当时先进的阿拉伯科学和哲学很感兴趣，主张“实验”的重要性高于一切。因此，培根也被后世视为近代科学的先驱者。他的著作《大著作》记述了数学、光学、化学等领域的科学知识，甚至还涉及宇宙大小的问题。更令人感到惊讶的是，培根竟然在当时就提出了关于显微镜、望远镜、飞机、蒸汽轮船的大胆设想。

藤嶋的话

古希腊先哲群星闪耀的时代过后，直至意大利的达·芬奇等艺术巨匠掀起文艺复兴的浪潮，在约1500年的漫长时光里，欧洲的科学一直处于空白期。那么，在此期间世界其他地方究竟发生了什么呢？伊东俊太郎在其著作《近代科学的源流》（中公文库）中指出，当时，以阿拉伯地区为中心，活跃着一大批科学天才。培根对他们的学说有很详细的了解。

中国古典名言

王阳明

人生大病只是一傲字。谦者众善之基，傲者众恶之魁。

——《传习录·下卷》

译文

人生最大的毛病就是骄傲。谦虚是一切善举的基础，骄傲是一切罪恶的根源。

《传习录》

《传习录》是王阳明（1472—1528）的语录，分为上、中、下三卷。王阳明开创了“阳明学”，而《传习录》作为阳明学的入门书，几百年来一直广为流传。

阳明学重视实践，提倡“心即礼”“知行合一”。这些都与主张“居敬穷理”的朱子学针锋相对。也许是因为与武士道有诸多异曲同工之处，阳明学在日本也有众多追随者和支持者。可以说，《传习录》这本中国古代典籍无处不散发着阳明学独有的勇气和热忱。

守屋的话

《传习录》里的这句名言是阳明学的开山鼻祖王阳明对其弟子的忠告。

为何骄傲会导致灾祸呢？首先是因为会招致周围人的反感，其次还会阻碍自己的进步。这两点足以毁掉人的一生。

科学家名言

布莱士·帕斯卡

将高洁的行为隐藏起来，才是最值得尊敬的行为。

——法国数学家、物理学家、哲学家、思想家布莱士·帕斯卡

（1623—1662）

布莱士·帕斯卡

帕斯卡自幼在家接受精英教育。成年后，他经常在位于巴黎的家中召集一流的学者举办沙龙。帕斯卡在数学领域取得了“帕斯卡定理”“帕斯卡三角形”等以他的名字命名的重要成就。人们还以他的名字作为压强的国际标准单位。著名的《思想录》是帕斯卡的遗著，时至今日，人们还经常引用其中的名言。除了科学方面的巨大成就，他还曾设计过一套公共马车系统，这可以说是人类历史上第一套公共交通系统。该系统在巴黎投入实际应用后，获得了当时人们的一致好评。

藤嶋的话

提到帕斯卡，也许人们首先想到的就是他将人类比作“思考的芦苇”。帕斯卡说：“人类只不过是芦苇，是自然界最脆弱的东西，但人类是能思考的芦苇。”

帕斯卡在30多岁时就英年早逝，但他留给人们无数经典名言，如“智慧优于知识”等。

中国古典名言

为善不名积阴德

夫言阴德，其犹耳鸣。己独知之，人无知者。

——《北史·李士谦传》

译文

所谓「阴德」，就好像耳鸣一样。只有自己知道，而别人都不知道。

《北史》

在隋朝统一天下之前，中国在大约150年的时间里一直处于南北分裂对峙的局面，史称“南北朝时代”。《北史》就是记载北朝（北魏、北齐、北周等王朝）历史的正史。该书由唐代历史学家李延寿编著，全书共100卷。

李士谦是北朝人物，曾短暂出仕。他一生乐善好施，在民间救济穷苦民众。李士谦去世后，有数万民众自发为其送葬。

守屋的话

“阴德”就是指只有自己知道的善行。善行如果被其他人得知，就称不上“阴德”了。如果有可能的话，人在一生中应该留下一两件“阴德”。这样的人生，才会没有遗憾。

反思

科学家名言

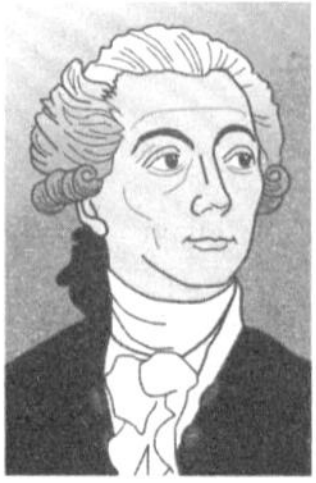
安托万·拉瓦锡

燃烧是由物质与氧气结合造成的。

——法国化学家安托万·拉瓦锡

（1743—1794）

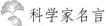

安托万·拉瓦锡

拉瓦锡出生于一个富裕家庭。他将担任税务官而获得的充裕资金用于购买实验器具，开展精密的化学反应定量实验。通过定量分析方法，拉瓦锡发现了质量守恒定律，同时命名了氧元素（*oxygen*）、氢元素（*hydrogen*）等化学元素。法国大革命爆发后，拉瓦锡因担任税务官而被送上断头台。对于这样一位科学巨星的陨落，人们无不痛心地说："把他的头砍下来只不过是一瞬间的事情，但他那样的头脑100年也再长不出一个来了。"

藤嶋的话

拉瓦锡身为贵族，承担着各种公职，但他最大的乐趣就是每周能有一天全身心地投入化学实验之中。

在化学领域，今天的教科书所体现的基本思维方式，几乎都是由拉瓦锡奠定的。

中国古典名言

左丘明

祸福无门，唯人所召。

——《左传·襄公二十三年》

译文

幸福或灾祸都不是注定的，而是由于人的行为所导致的。

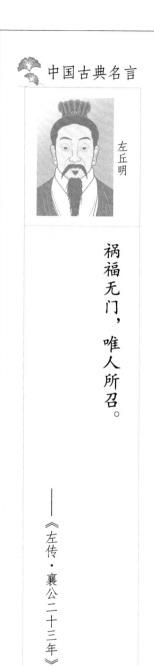

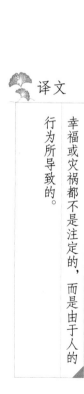

《左传》

《左传》是《春秋左氏传》的简称。《春秋》是孔子依据鲁国所编的国史加以整理修订而成。但是，《春秋》的记述过于简略，所以左丘明以作注的方式为其补充了许多意味深长的故事。这便是《左传》的由来。在日本，《左传》也被当作有趣的历史读物而广为流传。

守屋的话

每个人在一生中都会遭遇不幸。每当遭遇不幸时，如果冷静地回首过去，就不难发现在自己身上或多或少都有导致不幸的原因。只要能够觉察到这一点，并不断自我反省，就定能东山再起。

然而，如果一味将自己不幸的原因归咎于他人，则无论何时都很难走出困境。

科学家名言

迈克尔·法拉第

自己发光发热的蜡烛，胜过一切美丽的宝石。

——英国化学家、物理学家迈克尔·法拉第

（1791—1867）

迈克尔·法拉第

法拉第幼年时家境贫寒，曾在一家书店打工。他借此机会，阅读了大量图书，并对电气化学产生了浓厚的兴趣。22岁时，法拉第成为著名化学家汉弗莱·戴维教授的助手。后来，他进入皇家研究所工作。法拉第在电磁学、电气化学等领域创造了不朽的功绩。1831年，他使用自己制作的电磁铁，发现了电磁感应效应。1861年，法拉第在皇家研究所召集青年人举行圣诞节演讲。他的演讲被整理编著为《蜡烛的科学》。该书至今仍在全世界广为流传，激励着无数人投身于科学研究事业。

藤嶋的话

法拉第在皇家研究所工作期间，几乎是独自在进行各种实验。他获得了许多重大发现，并留下了共7卷实验记录。这些实验记录每卷厚达500页，现在如果前往伦敦，就可以购买到这些珍贵历史文档的复印件。

法拉第为人谦逊质朴，曾多次推辞掉各种名誉头衔。他一生都甘愿以平民的身份来实现献身科学的诺言。

中国古典名言

经世济民献终生

女为君子儒，无为小人儒。

——《论语·雍也》

译文

你要做一个君子式的儒者，而不要成为一个小人式的儒者。

《论语》

孔子一生不断磨炼自我，他希望个人修养达到的终极目标就是成为君子。孔子不仅这样要求自己，同时也希望弟子都能成为君子。那么，究竟何为君子呢？一言以蔽之，君子就是有德行的人物。德行有很多种，其中孔子最为重视的是“仁（内心温厚）”“智（具有洞察力）”“勇（具有决断力）”“信（不虚伪、不欺骗）”这几种德行。孔子不断鼓励弟子，希望他们能够具备这些德行，成为对社会有用的人物。

守屋的话

人们应该不断地磨炼自己，使自己成为对社会、对他人有用的人。只有如此，这一生才会过得有意义。

科学家名言

牧野富太郎

世上没有名叫『杂草』的草。

——日本植物学家牧野富太郎（1862—1957）

牧野富太郎

牧野富太郎10岁进入私塾学习，开始喜欢采集植物。小学时，他退学前往欧美学习植物学，回国后进入东京帝国大学（现在的东京大学）植物学教研室工作。牧野富太郎独自创办了刊物《牧野日本植物图鉴》。该图鉴直到今天仍备受推崇。

牧野富太郎一生采集的标本超过60万件，发现并命名了众多新品种，因而被称为“日本植物学之父”。在日本，他的生日（4月24日）被定为“植物学日”。

藤嶋的话

我每天早上6时30分开始在公园做早操。在此之前，我会沿着多摩川（**译注：流经东京的一条河流**）散步30分钟。一边散步，一边欣赏沿岸的花花草草，这是我的一大乐事。

我在给小学生做讲座时，常常会对他们讲，如果能记住10种花草的名字，那么你们走路时，就会多出很多的乐趣。

中国古典名言

孟子

有天爵者，有人爵者。

——《孟子·告子章句上》

译文

有的爵位是自然爵位，有的爵位是社会爵位。

《孟子》

孟子（名轲，约前372—前289）提倡性善论。他认为，每个人生来就具有善良美好的天性。所谓的“天爵”（自然爵位），具体而言，就是指仁、义、忠、信等每个人与生俱来的美德。与此相对，“人爵”就是指他人给予的地位。

孟子指出：“现在的人修养自然爵位，其目的就在于得到社会爵位。一旦得到社会爵位，便抛弃了自然爵位。这可真是糊涂得很啊！最终连社会爵位也必定会失去。”

守屋的话

一个人能否享有崇高的地位，首先取决于他能否不断加强自身的修养，磨炼自己的天性。这其实也是人类永恒的课题。

第四篇

勇往直前

迷惘的时候，碰壁的时候，饱尝艰辛想要退缩的时候，人们应该读一读下面这些先贤伟人的名言。

他们赖以突破重重困境险阻的心声，一定能够帮助我们挺起胸膛，一往无前。

科学家名言

约翰·沃尔夫冈·歌德

比起被教育来，青年人更喜欢被刺激。

——德国诗人、剧作家、小说家、哲学家、自然科学家、政治家、法学家约翰·沃尔夫冈·歌德（1749—1832）

约翰·沃尔夫冈·歌德

歌德青年时代在莱比锡大学攻读法学，同时对诗歌、自然科学等领域也产生了浓厚的兴趣。他一生创作了小说《少年维特之烦恼》、诗剧《浮士德》等伟大作品，是德国的代表性作家。在自然科学领域，歌德提倡“形态学”，致力于地质学、气象学、光学等方面的研究。他晚年的作品《色彩论》耗费了20年的心血。

藤嶋的话

任何人都有上进心，如果在年轻时，能够有幸得到周围人或者地位尊崇的人的赞扬，往往就会更加奋发努力。所以，对待年轻人，要看到他们身上的优点，多多给予表扬和鼓励。

歌德还说过：“面对一块大石头，如果没有自己一个人也要把它扛起来的决心和干劲，那么即使有两个人，也还是抬不动。”

中国古典名言

点燃生命的激情

与其为数顷无源之塘水，不若为数尺有源之井水，生意不穷。

——《传习录·上卷》

译文

与其挖一方面积数顷却没有源头活水的池塘，倒不如在有源泉的地方掘一口数尺大小的水井。井水源源不断，生机就不会枯萎衰竭。

《传习录》

王阳明开创的阳明学又被称为“心学”。这是因为这派学说重视心灵的感触和体悟。无论是提高自我修养，还是经世济民，一切力量都要靠自己内心激发出的火花来点燃。在上面这句名言中，王阳明正是借水的存在方式做比喻，来鼓励弟子好学上进。

守屋的话

心若枯涸了，则万事不成。所以，每个人都应该让自己的心灵保持活力。

科学家名言

罗伯特·科赫

绝不屈服。

——德国细菌学家、医生罗伯特·科赫（1843—1910）

罗伯特·科赫

科赫毕业于德国哥廷根大学医学院，后来自己开办诊所。28岁生日当天，他的妻子将一台显微镜作为生日礼物送给他。以此为契机，科赫真正投入到对病原体的研究中。他奠定了细菌培养法的基础，并发现了炭疽病菌、结核病菌以及霍乱病菌。1905年，科赫获得诺贝尔生理学·医学奖。科赫曾任教于柏林大学，其门下涌现出以北里柴三郎为代表的一大批杰出人才。

藤嶋的话

很多人在选择研究课题时，都热衷于那些备受瞩目的热门领域。但实际上，弄清自己到底擅长哪个领域，并在该领域长期不懈地刻苦钻研，这一点更为重要。所以，我决心在钛的氧化物光触媒反应及钻石电极等领域坚定不移地努力下去。

中国古典名言

有为者，辟若掘井。掘井九仞，而不及泉，犹为弃井也。

——《孟子·尽心章句上》

译文

想要有所作为，就如同打井一样。哪怕已经挖了九仞这么深，但只要是还没挖出泉水就停了下来，这口井仍不过是一口废井。

《孟子》

孟子继承并发展了孔子的学说，主张性善论。在政治上，他提倡实行以“仁”和“义”为基础的“王道”。为了实现这一理想，孟子四处奔走游说。他的主要言论被整理集结为《孟子》。人们可以从中深切地感受到孟子为实现理想而甘愿终生奔劳的执着和热情。因此，《孟子》也被奉为儒家经典之一，而得以世代传承。

守屋的话

无论做什么，只要树立起适合自己的目标，10年、20年地坚持下去，总有一天会成就一番事业。关键是不能半途而废。即便最终不能达成目标，也会因为从未放弃努力而拥有充实的人生。

科学家名言

莱特兄弟

我们坚信，飞机一定能够飞上天空。

——美国发明家、飞行员威尔伯·莱特（1867—1912）、奥维尔·莱特（1871—1948）

莱特兄弟

在位于俄亥俄州代顿市的自行车修理店里，莱特兄弟为发明飞机，付出了常人难以想象的努力。终于，1903年在北卡罗来纳州基蒂霍克的沙滩上，他们制作的“飞行者一号”成功实现了人类历史上首次载人动力飞行。在此之前，人们曾经认为“让机器飞上天空，在科学上就是不可能的”。然而，莱特兄弟用自己的智慧和汗水打破了这一论断，成就了惊天动地的伟业。

藤嶋的话

1903年12月17日，莱特兄弟制造的“飞行者一号”装载着12匹马力的发动机，用12秒的时间，飞过了36.5米的距离。这就是人类第一次征服天空的瞬间。

今天，重达数百吨的巨型喷气式飞机将全世界紧密联结在一起。现代超大型飞机之所以能够飞上天空，强劲的喷气式发动机和上侧弯曲、下侧平直的机翼构造是关键所在。

中国古典名言

伊尹

弗虑胡获，弗为胡成。

——《尚书·太甲下》

译文

不经过深思熟虑，怎么会有所收获呢？不果断行动，怎么会有所成就呢？

《尚书》

《尚书》也是儒家经典之一，全书共28篇，主要记载了古代名君与名臣的言行。其中，最有名的君臣就是创立殷商王朝的汤王和辅佐汤王的伊尹。汤王与伊尹上下同心，携手开创了殷商王朝，并巩固了王朝的统治基础。后来，汤王离世，殷商王朝的第二任、第三任君主也年纪轻轻便去世了。于是，汤王的嫡孙太甲成了殷商王朝第四任君主。不过，太甲一开始似乎对政治不感兴趣，在治国理政方面颇为倦怠。

上面这句名言就是伊尹劝谏太甲时所说的话。

守屋的话

常言道“为则成，无为则不成”。日本人总是喜欢强调“断行”的重要性。然而，《尚书》里的这句名言的精髓就在于，其将“熟虑”与“断行”放到了同等重要的地位上。

深思熟虑和果断行动，原本就是一个硬币的两面。二者相得益彰，才能真正取得成功。

科学家名言

丰田佐吉

打开门帘吧，外面的世界无比广阔。

——日本发明家、实业家丰田佐吉
（1867—1930）

丰田佐吉

丰田佐吉出生于一个木匠家庭，从小跟随父亲学习木工。但他立志“要通过发明为社会做贡献”，从青年时代开始，就热衷于研究纺织机械。丰田佐吉成功制造了日本第一台动力织机和自动织机，并以优异的性能赢得了欧美国家的好评。后来，他创办了丰田织机公司，该公司后来逐步发展成为现在日本的代表性企业——丰田集团。

藤嶋的话

我出生在东京，但祖籍是爱知县，我的户籍现在也仍在爱知县的丰田市。该市是丰田汽车公司的总部所在地，并因此而得名。丰田市也被称为“日本的汽车城”。

中国古典名言

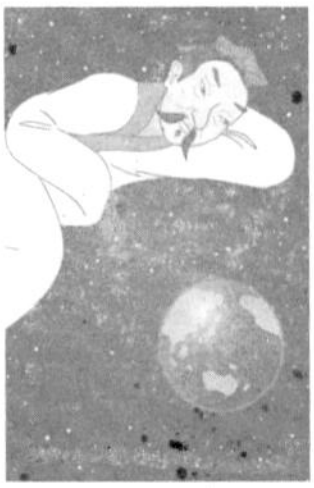

视通万里

濡濡者，豕虱是也。择疏鬣自以为广宫大囿。

——《庄子·徐无鬼》

译文

浅见偷安的人，就像猪身上的虱子一样，它们找到鬃毛稀疏之处安家生活，还自以为这里就是雄伟的宫殿、广阔的苑囿。

《庄子》

《庄子》与《道德经》均为道家经典，但二者的文风和内容却各有异趣。《道德经》的智慧主要体现在教导人们如何遵循“道”来为人处世。与此相对，《庄子》则认为，既然“道”是无所不包、无处不在、无边无际的，那么从“道”的角度来看，世间的万事万物都是转瞬即逝、不值一提的，人们又何必为这些凡俗之事所累呢？可以说，这种达观的人生态度，正是《庄子》这部中国古代典籍的永恒魅力之所在。

上面这句名言就很好地体现了《庄子》的思想特点。

守屋的话

井底之蛙，其视野必然狭隘窄小。天地广阔，人们应该常常打开门窗，心驰远方。

科学家名言

阿尔伯特·爱因斯坦

教育的目的应当是，培养能够独立思考和行动的人。

——德国犹太裔理论物理学家阿尔伯特·爱因斯坦

（1879—1955）

阿尔伯特·爱因斯坦

爱因斯坦幼年在学校时较为孤僻。他9岁时掌握了“毕达哥拉斯定理”，12岁时开始自学欧几里得几何学。从瑞士的苏黎世联邦理工学院毕业后，爱因斯坦进入伯尔尼的专利局工作。1905年，他连续发表了3篇关于狭义相对论、光量子假说等理论的重要论文。这一年因此被称为“爱因斯坦奇迹年”。1915年，爱因斯坦发表了广义相对论。1921年，他因光电效应理论而获得诺贝尔物理学奖。后来，爱因斯坦为躲避纳粹迫害而移居美国，在普林斯顿高等研究所对“统一场理论”进行研究。第二次世界大战结束后，在从事科学研究的同时，他还投身于和平主义运动，为维护世界和平积极奔走。

藤嶋的话

正是因为有了爱因斯坦的相对论，*GPS*系统才能达到如此高的精度。$E=mc^2$这一基本公式，解释了从太阳发光发热到原子弹巨大威力的能量来源问题。然而，在广岛、长崎遭到原子弹轰炸后，爱因斯坦的内心也受到了强烈的冲击。

中国古典名言

勤思不怠

博学之、审问之、慎思之、明辨之、笃行之。

——《中庸·第二十章》

译文

要广泛地学习、详细地求教、慎重地思考、清晰地辨析、踏实地行动。

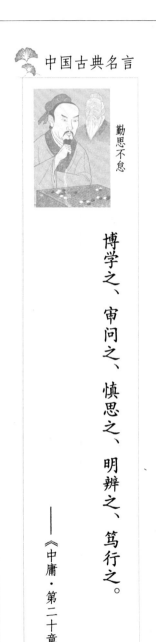

《中庸》

“中”意为不偏不倚，“庸”意为永恒不变。《中庸》全书旨在总结天下的恒久真理。如果说《大学》是古代读书人由小学转入大学后的入门书籍，那么《中庸》就是古代读书人《大学》《论语》《孟子》之后，在“四书”中最后所学的一本书（**译注：关于学习儒家经典的顺序，不同学者有不同看法**）。

守屋的话

《中庸》里的这句名言讲的是学习的态度、方法和过程。如果真的能够按照这句名言去学习，那么距离成为爱因斯坦所说的“能够独立思考和行动的人”也就不远了。

科学家名言

松下幸之助

自己的路要靠自己走，下定决心，满怀希望地走下去，一定能闯出一条路来。

——日本实业家松下幸之助（1894—1989）

松下幸之助

松下幸之助只读了4年小学便辍学去火盆店、自行车店当学徒。15岁时，他进入大阪电灯公司（现在的关西电力公司）。后来，松下幸之助创办了一家公司，主要从事灯泡插座的制造和销售。在此后的数十年里，他白手起家，一手缔造了松下电器产业株式会社（现在的*Panasonic*）这样一个商业帝国，因而被称为“经营之神”。松下幸之助还创办了*PHP*（**译注：*PHP*为*Peace and Happiness Through Prosperity*的缩写**）研究所、松下政经塾等机构。为了鼓励科学技术领域的发明创造，日本政府希望创设一个国际性奖项——“日本国际奖”。这一设想得到了松下幸之助的积极响应，他以“毕生之志”捐赠巨款，使得该奖项最终得以设立。

藤嶋的话

在今天的*Panasonic*的社长办公室里，依然悬挂着松下幸之助亲手写下的一句话——“质朴的心会让你变得强大、正确和聪明”。

我每个月都会拜读*PHP*杂志，从中获益匪浅。我还有幸和本多健一先生共同获得了第20届日本国际奖。而这些都是松下幸之助留给后世的恩惠。

中国古典名言

志不立，如无舵之舟，无衔之马。漂荡奔逸，终亦何所底乎。

——《王文成公全书·第二十五卷》

译文

一个人如果没有树立远大的志向，就像船没有舵，就像马没有缰绳，纵然漂流奔驰，但终究也不知将去往何方。

《王文成公全书》

《王文成公全书》是阳明学开创者王阳明的作品全集。全书共38卷，其中收录有一篇名为《教条示龙场诸生》的文章。该文的主要内容是教诲弟子如何成为一名好学生。开篇第一句便讲到必须“立志”。

上面这句名言用形象的比喻，具体阐述了“立志”的重要性。

守屋的话

立志，就是要找到适合自己的人生目标。人如果没有志向，则只能在醉生梦死中虚度此生。

科学家名言

本田宗一郎

悲伤也好，欢喜也罢，感动也好，沮丧也罢，真切地体验这些，才是最重要的。

——日本实业家、技术专家本田宗一郎（1906—1991）

本田宗一郎

本田宗一郎小学毕业后，进入位于东京的汽车修理厂工作。6年后，他在浜松市开设了一家分店，后来又将公司名称变更为东海精机重工业（现在的东海精机），开始了独立经营。后来，本田宗一郎创立了本田技研工业（现在的*HONDA*），开始研究摩托车。他与藤泽武夫一道，通过参加F1大赛、建设铃鹿赛车环形路线等大胆举措，将*HONDA*培育成为世界级的汽车厂商。

藤嶋的话

本田宗一郎制造摩托车的初衷，是为了给妻子外出买菜用的自行车上加装发动机，好让妻子省点力气。他最有名的事迹是成功研制了“梦幻号”摩托车。时至今日，本田财团仍然在为社会做出贡献。

中国古典名言

子生而母危，镪积而盗窥，何喜非忧也；贫可以节用，病可以保身，何忧非喜也；故达人当顺逆一视，而欣戚两忘。

——《菜根谭·后集》

译文

孩子出生时，母亲面临着生命危险；财富积累多了，就会招来盗贼的觊觎，哪有什么喜事不潜藏着忧患呢？贫穷可以使人养成节俭的习惯，患病可以使人注意养生，忧患又何尝不会带来益处呢？所以，通达的人应该对顺境和逆境一视同仁，将高兴和忧愁统统忘掉。

《菜根谭》

《菜根谭》将道、儒、释三家思想融会贯通，向世人传授立身处世的根本要诀。全书始终渗透着庄子那种达观从容的思想。

上面这句名言就是一个很好的例子。

守屋的话

不以物喜，不以己悲，胸襟开阔，处世豁达，这是让心灵获得安宁和谐的最好方法。

在《菜根潭》里面这句名言中，“顺逆一视”这四个字尤为难能可贵。能够做到这一点的人，可以真正称得上是人生的“达人”。

第五篇

努力奋斗

韶华易逝，流年似水，无所事事地虚度光阴，到头来注定一事无成。伟人之所以成为伟人，就在于他们为了成就大业，日复一日、年复一年地不懈努力，最终积跬步而至千里，汇小流而成江海。

他们卓绝的努力和坚毅的言语，将永远激励着人们勇往直前、开拓奋进。

积累

科学家名言

勒内·笛卡儿

要珍惜每一天，因为对于人生而言，每天细微的差别，终究会演变为巨大的差异。

——法国哲学家、自然学家、数学家勒内·笛卡儿

（1596—1650）

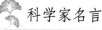

勒内·笛卡儿

笛卡儿大学时攻读法学和医学，但在游历荷兰、德国等国之后，转而研究哲学。他的世界观和哲学观点对现代科学技术的发展以及现代社会的形成，产生了不可磨灭的重大影响。牛顿就曾认真研读过笛卡儿的著作《哲学原理》。笛卡儿在数学领域也留下了不朽功绩。他发明了平面坐标系和用字母表达数学公式的方法。笛卡儿还通过仔细观察雪花的结晶，详细地描述了雪花的六方对称形状。

藤嶋的话

笛卡儿喜欢静静地捧着一本好书，一边品味，一边诵读。他曾说："读一切好书，就如同和过去最杰出的人交谈。"

那么，究竟什么样的书才称得上好书呢？城山三郎、平岩外四合著的《值得一生中读两次的书》（讲谈社），就为人们推荐了许多好书。

中国古典名言

汤之盘铭曰，苟日新，日日新，又日新。

——《礼记·大学》

译文

汤王在洗澡用的器具上刻下铭文称：『如果在某一天获得了新的进步，就应该争取每天都有新的进步，而且要新上加新。』

《大学》

《大学》是儒家最重要的经典之一，主要阐述了求学治学的目的在于“修身、齐家、治国、平天下”。《大学》的内容简短易懂，因而在江户时代被日本各地的“藩校”当作儒学初学者的入门书。

汤王是殷商王朝的开创者，也是中国历史上的一代名君。上面这句名言告诉人们，无论是在学习上还是在工作上，都要具有汤王这种日日革新的态度和精神。

守屋的话

人们在每天的学习和工作中，很多时候都在做重复的事情，因此难免落入因循守旧的窠臼之中。如果只是千篇一律地重复做同样的事情，将无法增长任何才干。只有保持“日日新”的心态，不断磨炼自己，才有可能取得大的成就。

科学家名言

艾萨克·牛顿

对今天能够做完的事情，要倾尽全力。这样，明天就能看到向前迈进了一步。

——英国物理学家、数学家、天文学家艾萨克·牛顿

（1642—1727）

艾萨克·牛顿

牛顿青年时就读于剑桥大学，20多岁便成为该校教授。大学毕业后，因鼠疫爆发导致大学被封闭，他不得不返回故乡生活了两年左右。在这段时间里，牛顿在家中对微积分、光学以及万有引力定律进行了深入思考和研究。这些成为他日后最重要的科学贡献。牛顿晚年担任过铸币厂负责人、国会议员、皇家学会会长等职务。他的主要著作《自然哲学的数学原理》确立了古典力学体系，其本人也因此被称为“近代自然科学之父”。

藤嶋的话

牛顿父母家二楼的窗子上有一个圆孔。据说，牛顿用三棱镜对从这个圆孔射入的阳光进行了分析，进而画出了光学实验图。如今牛顿的这处故居依然保存完好，保持着400多年前的样子，迎接全世界的人们前来瞻仰膜拜。

中国古典名言

持之以恒

合抱之木，生于毫末。九层之台，起于累土。千里之行，始于足下。

——《道德经·第六十四章》

译文

可以合抱粗的大树，生长于细小的萌芽。九层的高台，是一筐土一筐土筑起来的。千里的远行，是从脚下迈出第一步开始的。

《道德经》

《道德经》认为，万物皆源于道。全书的推论由此展开，涉及方方面面。

自古以来，不同的人对于《道德经》有不同的解读，可谓“1000个人眼中就有1000种《道德经》”。例如，从探究世界运行的根本原理这一点来看，《道德经》是一本哲学著作；从批判现实政治、阐发社会理想这一点来看，《道德经》是一本政治学著作；从告诉人们如何在残酷的社会环境中顽强地生存下去这一点来看，《道德经》是一本“处世指南”；从揭露各种阴谋诡计这一点来看，《道德经》是一本谋略书；从分析如何以弱胜强、以柔克刚这一点来看，《道德经》是一本兵法。

守屋的话

要想获得任何成功，都必须埋头苦干，并且持之以恒地付出辛勤汗水。无论多么绚丽华彩的功业，其背后都是日复一日、踏踏实实的努力。

科学家名言

威廉·伦琴

我从不空想，只会一心一意地反复进行实验。

——德国物理学家威廉·伦琴（1845—1923）

威廉·伦琴

伦琴曾在瑞士的苏黎世联邦理工学院学习，后来前往位于德国巴伐利亚州的维尔茨堡大学工作。在一次使用克鲁克斯放电管进行放电实验的过程中，他偶然发现了能够穿透不透明物体的放射线。伦琴将这种放射线命名为“X射线”。他也因此在1901年获得了第一届诺贝尔物理学奖。如今，X射线不仅被应用于医疗领域，在人们的日常生活中也得到了广泛应用。例如，机场对旅客行李进行安检时，就会使用能够发出X射线的设备。

藤嶋的话

因为觉得这一现象实在太不可思议，所以伦琴用未知数“*X*”来命名这种放射线。为了纪念他的伟大贡献，人们也将X射线称作“伦琴射线”。从1895年11月8日第一次在荧光纸上发现这种微弱的射线开始，直到12月28日完成论文为止，在这几个星期之内，伦琴废寝忘食地连续进行了无数次实验。回顾历史可以看到，X射线的发现，对人类文明的发展产生了不可估量的影响。

中国古典名言

大禹圣人乃惜寸阴。众人当惜分阴。

——《十八史略·第四卷》

译文

大禹这样的圣人，尚且珍惜每一寸光阴。普通大众，更应当珍惜每一分光阴。

《十八史略》

《十八史略》是宋末元初历史学家曾先之为初学者编纂的历史入门书，介绍了从上古到南宋的历史。其中记载了陶侃的事迹。陶侃是东晋名将。他身为国家的中流砥柱，却遭到当权者的嫉恨而被贬谪至地方。如果是普通人，在这种境遇下，大多会心灰意冷，变得消沉颓废。然而，陶侃却更加兢兢业业、尽职尽责，不断磨炼自己的身心，积极地为将来东山再起做好准备。

上面这句名言就是陶侃当时经常挂在嘴边用以激励自己的话。

守屋的话

《十八史略》里的这句名言中的“寸阴”，意指“极短的时间”，而“分阴”则是“寸阴”的十分之一。整句话的意思就是，光阴似箭不等人，每个人都应该以先贤伟人为榜样，抓紧时间，勤奋努力。

科学家名言

亚历山大·格拉汉姆·贝尔

专心干好眼前的工作吧。太阳的光芒如果不能汇聚到一点上，也无法点燃火焰。

——出生于英国的发明家、科学家亚历山大·格拉汉姆·贝尔
（1847—1922）

亚历山大·格拉汉姆·贝尔

贝尔曾经在爱丁堡大学、伦敦大学攻读声音学等学科。后来，他经由加拿大移居美国，成为波士顿大学教授。贝尔成功获得了电话的发明专利，并创办了公司。该公司后来发展成为美国最大的电话公司*AT&T*。他一生致力于振兴科学和聋哑人教育事业。贝尔与美国盲聋女作家、教育家、慈善家、社会活动家海伦·凯勒的伟大友谊也为世人所称道。为了纪念贝尔为人类做出的贡献，人们用他的名字命名了单位“分贝”（*dB*）。

藤嶋的话

当今世界科学技术的进步令人目不暇接，其中最具代表性的，无疑是以电话为核心的通信科技。就在不久之前，人们相互联络时主要还是使用固定电话。当时，为了使用公用电话，几乎每个人兜里都揣着电话磁卡。但转眼之间，手机就已经普及开来。如今，一部智能手机在手，人们就能够掌握所需的绝大部分信息。10年后的世界又会变成什么样子呢？到时候，唯一没有改变的，恐怕只有人类的本性吧。

中国古典名言

视而不见，听而不闻，食而不知其味。

——《礼记·大学》

译文

东西在眼前却仿佛看不见，声音在耳边却仿佛听不到，吃了东西却不知道是什么味道。

《大学》

《大学》主张人们应该按照“格物—致知—诚意—正心—修身—齐家—治国—平天下”的道路来规划自己的人生。其中，关于“正心”和“修身”的关系问题，《大学》认为，“心正而后身修”，即要想取得修身的成果，首先必须端正心态。而在这一过程中，必须集中注意力。

上面这句名言生动地描述了人在注意力高度集中时的忘我状态。

守屋的话

想要保持平和的心态投入工作和生活之中，就必须排除情欲和杂念的干扰。所以，学会让自己集中精力、专心致志，极为重要。

当人们全神贯注于某件事情的时候，往往会收获许多意想不到的成果。

科学家名言

托马斯·爱迪生

所谓天才，就是百分之一的灵感加上百分之九十九的汗水。

——美国发明家、创业家托马斯·爱迪生（1847—1931）

托马斯·爱迪生

爱迪生8岁才进入小学，仅仅3个月后便辍学，后来一直在家接受母亲的教育。15岁时，他学习了电信技术，成为一名电信技师。爱迪生自学了法拉第的电磁学理论，这为他日后成为发明家奠定了坚实的基础。爱迪生一生的发明超过1000项，他发明的白炽灯、留声机、电影摄影机以及从发电到输电的整套电力系统，极大地推动了人类文明的进程，彻底改变了人们的生活方式。

藤嶋的话

爱迪生为了寻找适合作为白炽灯灯丝的材料，曾经做过1000多次实验，仅用碳化竹纤维这一种材料，就做过好几次实验。

任何成功都是天赋、灵感和努力相结合的产物，这一点无论是过去、现在或将来，都永远不会改变。

中国古典名言

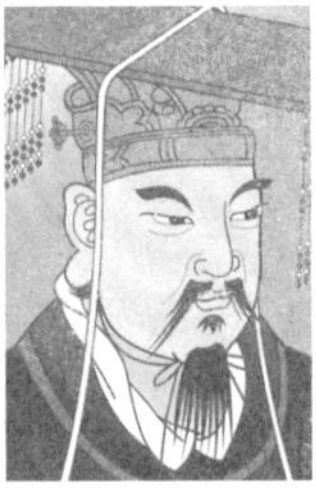

周武王

为山九仞，功亏一篑。

——《尚书·旅獒》

译文

堆九仞高的山，就因为差了最后一筐土而未能完成。

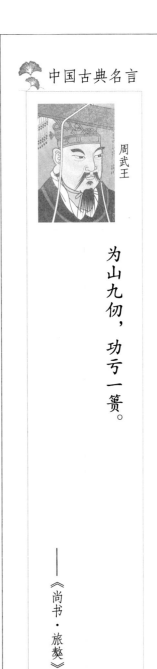

《尚书》

《尚书》记载的内容上自传说中的尧、舜、禹，下至春秋时代的秦穆公。自古以来，该书都被视为帝王之学的教科书。日本的昭和、平成等年号都取自《尚书》。

上面这句名言是周王朝的重臣召公对武王的劝谏。

守屋的话

越是到了最后关头，越要咬紧牙关，坚持到底。否则，一旦松劲泄气，原本可以完成的工作就会半途而废，此前付出的所有艰苦努力也会全部付之东流。

科学家名言

玛丽·居里

我们必须相信，我们的天赋是用来做某件事情的，无论代价多么大，这件事情都必须做到。

——波兰物理学家、化学家玛丽·居里（1867—1934）

玛丽·居里

玛丽·居里，世称“居里夫人”。她青年时代就读于法国的索尔本大学。在此期间，她如饥似渴地学习，达到了废寝忘食的程度。后来，她与丈夫皮埃尔一同从事放射线研究。居里夫人发现了放射性元素钋和镭，成为索尔本大学历史上第一位女性教授。1903年，居里夫人与丈夫一同获得诺贝尔物理学奖，1911年她又单独获得诺贝尔化学奖。居里夫人的大女儿伊蕾娜及其丈夫弗雷德里克一同获得1935年的诺贝尔化学奖。她的小女儿艾芙撰写了著名的《居里夫人传》。

藤嶋的话

居里夫人十分重视对子女的教育，她曾经为长女伊蕾娜及其朋友开办“理工科特别补习班”，由居里夫人本人以及其他优秀的科学家讲授理工科知识。以研究居里夫人而闻名的日本人吉祥瑞枝曾创作了《居里夫人的百宝箱》（东京书籍）。她还效仿居里夫人，在日本各地宣讲推广当年“理工科特别补习班”的授课内容。

中国古典名言

孟子

天将降大任于斯人也，必先苦其心志，劳其筋骨，饿其体肤，空乏其身，行拂乱其所为。

——《孟子·告子章句下》

译文

上天要把重任降临在某个人的身上，一定先要使他内心苦闷，筋骨劳累，忍饥挨饿，身体空虚乏力，做任何事情都不顺利。

《孟子》

孟子为了实现推行“王道”这一政治理想，曾周游列国，游说各国君主和高官。然而，当时各国都热衷于富国强兵、争霸天下，没有兴趣认真倾听他的游说。即便如此，孟子也从未放弃，其游说之旅长达15年之久。

上面这句名言也许正是孟子用于自我激励的话语。至今读来，仍令人热血沸腾。

守屋的话

《孟子》里的这句名言激励人们，决不能在艰难困苦面前低头服输，反而要将上天施加的苦难，视作磨炼自己意志品质的宝贵契机。

虽然今天的人们已经无法得知孟子当年究竟遭遇了何种逆境和险阻，但他显然没有焦虑，也没有沮丧，而是将一切困难都当作上天的考验，为了实现自己的理想而一往无前。

科学家名言

汤川秀树

活一天，就要进一步。

——日本理论物理学家汤川秀树（1907—1981）

汤川秀树

汤川秀树毕业于京都帝国大学（现在的京都大学）理学部物理学科，曾历任大阪帝国大学（现在的大阪大学）讲师、京都大学教授。他预言了“介子”的存在，为基本粒子理论的发展做出了重大贡献。1949年，汤川秀树42岁时获得诺贝尔物理学奖，成为第一位获得诺贝尔奖的日本人。

应奥本海默之邀，汤川秀树1948年受聘成为美国普林斯顿高等研究所客座教授，并曾与爱因斯坦共事过一段时间。后来，他也和爱因斯坦一样，积极投身于废绝核武器的和平运动之中。

藤嶋的话

汤川秀树具有深厚的汉学功底。五六岁时，祖父便开始教他背诵中国古代典籍。后来，汤川秀树在挥毫题字时，也经常会书写源自《庄子》的“知鱼乐”这3个字。

汤川秀树还说过下面这些名言：

“认为科学就是一切的人，不能被称为成熟的科学家。”

“具有独创性的东西，一开始必然属于少数派。”

中国古典名言

吕蒙

士别三日，即更刮目相待。

——《资治通鉴·孙权劝学》

译文

对于有志之士而方言，即使只有三天没有见到，他也已经有了巨大的进步，因而必须用新的眼光来看待他。

《资治通鉴》

在三国时代，孙权的吴国称雄一方。孙权麾下有一名将军，名叫吕蒙。孙权曾规劝吕蒙，应该多读书，不要做没有学问的人。于是，吕蒙狠下决心，暗自发奋学习，逐渐成为一位学识渊博的人。后来，吴国谋士鲁肃在和吕蒙一起谈论议事时，十分惊讶于他在学问上的进步。于是，鲁肃对吕蒙说道："你现在的才干和谋略，再也不是原来的那个没有学识的吕蒙了啊！"吕蒙听后，便用上面这句名言回答了鲁肃。

此后，吕蒙更加努力地学习，并将所学所思灵活运用于生活和工作之中，最终成长为文武双全的一代名将。他发愤图强、刻苦学习、积极上进的故事也留在了史册之中。

守屋的话

安逸懒散地虚度一天又一天，是不可能有任何进步的。"三日"的确有些夸张，但无论是谁，如果能够用3年时间，坚持不懈地朝着一个目标努力，就一定能够让他人"刮目相看"。

第六篇

如何成功

自古以来，人们一直在探寻先贤伟人成就惊天伟业的秘诀何在。其实，他们在留给世人的名言中，谈到了自己的心得和感悟。从中，人们也许能够找到打开成功大门的钥匙。

科学家名言

希波克拉底

幸运眷顾大胆的人。

——古希腊医生希波克拉底（约前460—前377）

希波克拉底

希波克拉底出生于爱琴海中的小岛科斯岛。身为医生世家的传人，他曾游历各地学习医学，后来成为科斯岛上医学校的领导者。希波克拉底让医学摆脱了迷信和巫术而成为一门自然科学，为后世医学的发展做出了奠基性贡献，因而被称为“医学之父”。以希波克拉底的名字命名的“希波克拉底誓言”很好地总结了医生的伦理和任务，直到现在依然为人们所传诵。他重视人类与自然和谐共存的思想，在当今社会也依然具有重要意义。

藤嶋的话

幸运女神只会对那些敢于大胆尝试的人微笑。当然，在大胆挑战各种难题的同时，保持细心也十分重要。

希波克拉底还说过下面这些名言：

“人生之路短暂，医术之路漫长。”

“走起路来，头脑就会变得清醒。”

中国古典名言

朱熹

胆欲大而心欲小。

——《近思录·为学》

译文

胆量要大而心思要细。

《近思录》

《近思录》是“朱子学”的入门书。朱熹（1130—1200）是宋代儒学流派的集大成者，他的儒学思想被称为朱子学。由于朱熹的思想涉及极广，从世界本源到个人修养，从社会道德到政治哲学，无所不包，因此对于初学者而言，朱子学并不容易理解。《近思录》是朱熹专门为初学者编撰的书籍，介绍了朱子学的基本观点，叙述了儒家先贤的言行。在日本历史上，随着朱子学的盛行，《近思录》也广泛流传。

守屋的话

大胆，方能抓住稍纵即逝的机遇；细心，方能完美地办好各种事情。但是，过于大胆，则容易栽跟头；过于细心，则容易错失良机。所以，能否在大胆和细心之间保持好平衡，这是对每个人的考验。

科学家名言

阿基米德

两块打火石才能打出火花。

——古希腊数学家、物理学家、天文学家、发明家阿基米德

（约前287—前212）

阿基米德

阿基米德出生于西西里岛的叙拉古。他曾经前往萨摩斯岛、埃及的亚历山大等地游学。关于阿基米德在洗澡时发现“阿基米德原理”的传说在世界各地广为人知。他发明了汲水用的螺旋机械（人们将该机械称为“阿基米德螺旋提水器”）以及各种武器。在杠杆的力学原理、圆周率的求解方法等物理学和数学领域，阿基米德也留下了许多伟大成就。在被称为“数学界诺贝尔奖”的菲尔兹奖的奖牌上，就镌刻着阿基米德的头像。

藤嶋的话

在没有火柴的古代，取火极为困难。阿基米德在研究中是否得到过他人的帮助，现在虽已不可考，但从上面这句名言完全可以推测，他在开展重大研究项目时，一定与他人进行过合作。

中国古典名言

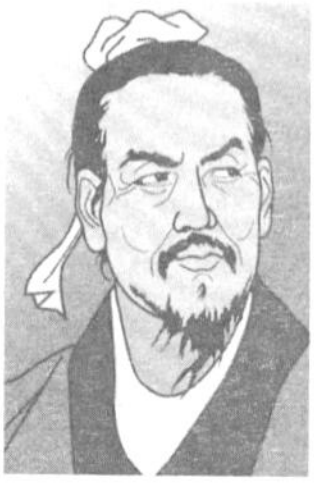

一手独拍，虽疾无声。

——《韩非子·功名》

译文

只用一只巴掌来鼓掌，无论多么迅猛，也不会发出声音。

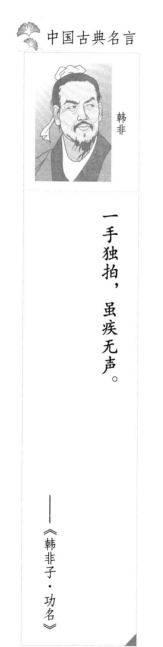

《韩非子》

《韩非子》是集法家思想之大成的中国古代典籍。全书共55篇，作者是战国时代末期的思想家韩非（？—前233）。他继承了商鞅、申不害等法家先贤的理论，同时吸收了老子、荀子等诸家学说，构建了以“法”“势”“术”为核心的理论体系。韩非的思想在世界历史上也占有重要地位。后世评价称，“东方有韩非，西方有马基雅维利”。从人际关系学的角度来看，《韩非子》中也有许多颇具可操作性的处世建议。

韩非后来在秦国担任谋士，却因落入政治陷阱而被迫自杀。

守屋的话

再杰出的人物，其个人的能力终归是有限的。任何人想要成就一番大事业，身边都不能缺少合作者。

科学家名言

尼古拉·哥白尼

将思考的角度旋转180度，事物就会展现出全新的一面。（之所以太阳看起来在运动，实际上全都是由于地球在运动。）

——波兰天文学家尼古拉·哥白尼（1473—1543）

尼古拉·哥白尼

哥白尼曾在克拉科夫大学、博洛尼亚大学攻读哲学、天文学、法学、医学。他撰写的《天体运行论》，颠覆了当时主流的地心说（又称“天动说”），提出了日心说（又称“地动说”）。

藤嶋的话

1633年，伽利略在被宗教法庭定罪时曾说：“即便如此，地球也依然在运动。”而在整整90年前，哥白尼就已经完成了阐释日心说的著作——《天体运行论》。不过，哥白尼直到1543年去世之前，都一直在为是否发表《天体运行论》而犹豫不决。

2005年，人们在波兰弗龙堡教堂内寻获一名70岁男子的遗骸。随后，研究人员将该遗骸与哥白尼藏书里所夹头发进行了*DNA*对比检测。2008年，人们最终认定这就是哥白尼的遗骸。

中国古典名言

君子之于言也，语乎其所不得不语，默乎其所不得不默，尤悔庶几寡矣。

——《呻吟语·谈道》

译文

君子发表言论，只在不得不说的时候才说，而在该沉默的时候就沉默，所以很少出现后悔的情况。

《呻吟语》

《呻吟语》的作者吕新吾曾经在宦海沉浮多年，对权谋争斗有切身体会。正因如此，他才能说出上面这句名言。

守屋的话

有理不在声高。有时，沉默也是一种有力的表达。不合时宜地贸然抛出自己的主张，往往会招来他人的怨恨。所以，人们应该时常提醒自己：沉默是金。

科学家名言

本杰明·富兰克林

要牵着工作跑，而不要被工作牵着跑。

——美国政治家、物理学家本杰明·富兰克林（1706—1790）

本杰明·富兰克林

富兰克林10岁时就离开了学校，但他凭借聪明才智和勤奋努力在印刷业获得了成功，并在费城创办了美国第一家公共图书馆和学院。后来，富兰克林进入政界，成为美国《独立宣言》起草委员会的成员之一，还直接参与了美国制宪会议。他对科学和发明同样怀有浓厚兴趣，通过刻苦自学，在科学研究和发明创造方面都取得了许多成就。例如，富兰克林证明了雷电其实是一种放电现象，进而发明了避雷针。

藤嶋的话

我曾经去过费城，在这座城市里，随处都能感受到富兰克林的伟大。作为物理学家，他在雷雨天放风筝来研究雷电原理的故事，在全世界广为流传。

富兰克林还说过：“如果珍爱人生，就不要浪费时间。因为人生就是由时间组成的。”

中国古典名言

干天下事，无以期限自宽。事有不测，时有不给。常有余于期限之内，有多少受用处。

——《呻吟语·应务》

译文

无论做什么事情，都不要以距离规定的期限还早来宽慰自己。因为事情往往会发生难以预料的变化，也常常会出现时间不足的情况。所以，如果能在规定的期限之内做到留有余地，会有许多益处。

《呻吟语》

在《呻吟语》这部中国古代典籍中，有许多名言都是在阐述如何成为一名优秀的领导者。作为一个团队的领导者，如果希望得到他人的尊重和服从，最重要的无疑是提高自身的德行修养，开阔自己的胸襟气量。但仅仅做到这些还远远不够。想要带领团队成就一番事业，既需要承担重任的勇气，还必须具备相应的能力。

对于领导者来说，上面这句名言是一个很好的建议。

守屋的话

无论干什么，只有留出充分的提前量，才有可能乐在其中。临近最后期限的紧张感和压迫感，会让工作的乐趣消失无踪。

科学家名言

卡尔·弗里德里希·高斯

宁可少些，但要好些。

——德国数学家、天文学家、物理学家卡尔·弗里德里希·高斯（1777—1855）

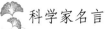

卡尔·弗里德里希·高斯

高斯自幼便被称为“神童”。他19岁时就破解了正十七边形尺规作图这一数学难题，震惊了当时整个数学界。除了数学之外，高斯还在其他领域均有广泛建树，有许多定理都以他的名字命名。例如，磁感应强度的单位“高斯”（*Gs*），就源于高斯的名字。

藤嶋的话

高斯曾经说过：“美丽的结论是对研究最大的奖励。”的确，有很多基本的公式、定理，其表达式都相对简明，而且会给人一种和谐的美感。

对此，爱因斯坦也有同感。他在推导公式时，如果发现最终的表达式过于复杂，就会提醒自己：“就算是上帝，也应该不会创造这么复杂的公式。我一定是在哪儿弄错了。”于是，爱因斯坦会重新进行演算，直到得出自己满意的、相对简明的表达式。例如，他在1905年发表狭义相对论后，在由该理论推导出$E=mc^2$这一基本公式的过程中，就运用了上述思维方法。

中国古典名言

脚踏实地

释近谋远者，劳而无功。释远谋近者，佚而有终。

——《三略·下略》

译文

如果放着手边的事情不做，却去考虑那些离自己很远的事情，这样只会白费力气而一无所获。如果不去考虑那些和自己关系很远的事情，而只管埋头把眼前的事情做好，就能过得相对安逸舒缓并且有所成果。

《三略》

《三略》是中国古代具有代表性的兵书之一，由上略、中略、下略这3个部分组成，这也是该书书名的由来。《三略》与《六韬》被合称为“韬略”。全书文风简练明快，大量引用了古代失传兵法中的内容，其主要特点是采用箴言警句的表现手法，来阐述政治思想和军事思想。《三略》相传为秦末汉初时期的黄石公所作。

守屋的话

设定远大的目标固然很有必要，但同时还必须一步步脚踏实地地向目标迈进。高斯所说“宁可少些，但要好些”，其实也可以理解为“宁可让研究范围狭窄一些，也一定要研究得深入一些”。

科学家名言

查尔斯·达尔文

能够生存下来的，既不是最强大的物种，也不是最聪明的物种。只有最能适应变化的物种，才能生存下来。

——英国自然科学家、地质学家、生物学家查尔斯·达尔文（1809—1882）

查尔斯·达尔文

达尔文从小就对博物学抱有浓厚兴趣。在爱丁堡大学攻读医学以及在剑桥大学攻读神学期间，他逐渐对自然史产生了兴趣。达尔文曾跟随英国的海军测量船“贝格尔号”前往加拉帕戈斯群岛等地考察。此后，他对考察过程中的所见所闻进行思考研究，撰写了《物种起源》，提出了进化论，为生物学的发展奠定了基础。达尔文一生还热衷于对藤壶、兰花、蚯蚓等生物进行研究。

藤嶋的话

在远离大陆的加拉帕戈斯群岛，达尔文发现这里的鸟类等生物与大陆上的同类生物之间存在巨大差异。他由此推断，是岛屿与大陆的不同环境造成了这些差异。正是凭借这种惊人的观察和分析能力，达尔文提出了具有划时代意义的进化论。

中国古典名言

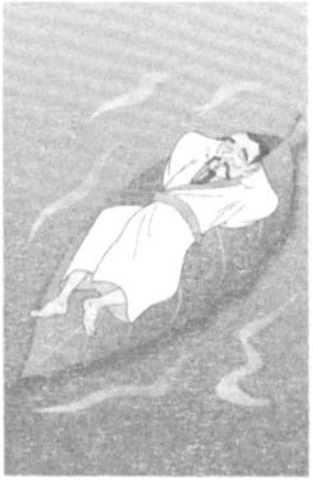

水为天下至柔

上善若水。水善利万物而不争，处众人之所恶，故几于道。

——《道德经·第八章》

译文

最高境界的善就像水一样。水善于泽被万物而不与万物相争，停留在众人都不喜欢的低处，所以水的品性接近于道。

《道德经》

“上善若水”这一成语源自《道德经》。上面这句名言，指出了水的两种特性：

一是柔软灵活，永远不与阻挡自己的东西硬碰硬；

二是谦逊，永远向低处流。

这两点对于人们为人处世很有参考价值，值得学习。

守屋的话

在水的各种特性中，柔软灵活这种特性尤为可贵。例如，人们的头脑不应该僵化，不应该盲目坚持固有观念，而应该保持柔软灵活。

对于社会组织而言，同样如此。如果一个组织的人事工作陷入僵化，那么这个组织就会如同人患上了动脉硬化一样，难以生存下去。因此，任何社会组织都应该保持柔软灵活。

科学家名言

弗罗伦斯·南丁格尔

无法不断取得进步的组织，支撑不起任何事业。

——英国护士、卫生统计学家、医院建筑家弗罗伦斯·南丁格尔

（1820—1910）

弗罗伦斯·南丁格尔

南丁格尔出生于富裕家庭，从小接受良好的教育，对数学和哲学颇感兴趣。长大后，她转而投身于医务护理事业。34岁时，南丁格尔率领由女性组成的人类历史上第一个战地护士团，毅然前往克里米亚战争中的野战医院，为战场上的伤病员提供护理。

在这场战争结束后，南丁格尔对士兵的死亡原因进行了统计分析。她基于科学的统计分析结果，积极呼吁人们提高对于卫生管理重要性的认识。为了培养医务护理人员、创造医疗养护空间，南丁格尔耗尽毕生心血。同时，她还用实际行动告诉世人，要实现目标，就必须对事物进行冷静分析，并提出切实可行的方案，然后坚定不移地加以贯彻落实。

藤嶋的话

南丁格尔还说过这样的名言：

“心怀恐惧，就只能干渺小的事情。”

“真正有价值的事业，起步时往往鲜为人知。只有付出实实在在的辛劳，一步一个脚印地不懈努力，向上攀登，才能让事业不断发展，开花结果。”

从这些名言中，人们可以深切地感受到她的精神何其伟大。

中国古典名言

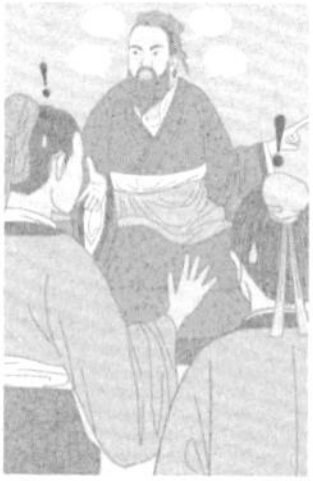

用行动来表态

君子欲讷于言，而敏于行。

——《论语·里仁》

译文

君子说话要谨慎而行动要敏捷。

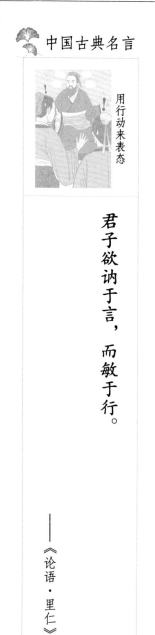

《论语》

孔子十分反感那些只会夸夸其谈而没有任何实际行动的人。他的弟子中也有这样的人，这些人常常会受到孔子的责备。

日语中有一个词叫“有言实行”，意思是做事不要仅仅停留在口头上，更要落实在行动中。这与孔子的话有异曲同工之妙。

守屋的话

想要赢得他人的信任，行动显然比言语更重要。对于社会人士来说，安身立命之本在于实际行动，而不在于逞口舌之能。

准备

科学家名言

路易斯·巴斯德

机遇只偏爱有准备的人。

——法国生化学家、细菌学家路易斯·巴斯德

（1822—1895）

路易斯·巴斯德

巴斯德曾对酒石酸的结晶进行研究。他还通过著名的“鹅颈瓶实验”，否定了自亚里士多德以来流传了2000余年的“生物自然发生论”。从发明防止葡萄酒腐坏的低温杀菌法，到开发狂犬病疫苗，巴斯德在众多领域都留下了丰功伟绩。

藤嶋的话

我曾读过巴斯德的传记，深深地被他的感人事迹打动。巴斯德在因患脑梗死而半身不遂的情况下，依然坚持进行实验。他最了不起的地方在于，其研究贯穿了从技术理论到实际应用的全过程。这一点即便是在研究者群体中，也十分罕见。

巴斯德在培养青年人方面也做出了不懈努力。他曾说过：“为了将神圣的火种传递给青年人，我必须把自己投入圣火之中。”

中国古典名言

孙武

胜兵先胜而后求战。败兵先战而后求胜。

——《孙子·军形》

译文

获得胜利的军队，都是事先准备好了能够赢得胜利的各种条件，然后才投入战争。失败的军队，则是已经投入了战争之后，才开始考虑如何取胜。

《孙子》

《孙子》是古今中外无数兵法典籍中最为杰出的一部，至今仍在全世界备受推崇。该书作者是大约2500年前辅佐吴王阖闾的军师孙武。《孙子》共13篇，全书基于对人性的深刻洞察，分析了如何在进攻时百战百胜、如何在防守时立于不败之地等战略战术问题，总结了战争行为的本质和战争艺术的精髓。后世不仅将该书作为军事学著作，同时也运用其中的智慧来处理政治、经济、外交等各方面的难题。

守屋的话

《孙子》里的这句名言强调了准备工作的重要性。没有准备，就没有胜利。为了赢得胜利，就必须做好万全的准备，然后再投入战斗。

不仅是真刀真枪的战争，毫不夸张地说，在任何领域，如果想要抓住稍纵即逝的机遇，并将其转化为成功和胜利，都必须事先做好万全的准备。

科学家名言

弗朗西斯·克里克

现在正是对意识进行科学研究的时机。

——英国物理学家、分子生物学家弗朗西斯·克里克（1916—2004）

弗朗西斯·克里克

克里克先后在伦敦大学、剑桥大学攻读物理学。第二次世界大战结束后，他转而研究生物学。1953年，克里克发表了一篇仅有两页的论文，阐述了*DNA*的双螺旋结构。该发现揭示了遗传现象的物质基础，为人类打开了分子生物学的大门。1962年，他与詹姆斯·沃森、莫里斯·威尔金斯共同获得了诺贝尔生理学·医学奖。后来，克里克在美国索尔克研究所围绕“为什么大脑会产生意识”这一问题展开了大量研究。

藤嶋的话

说起20世纪最重要的科学发现，克里克与沃森共同发现的*DNA*双螺旋结构无疑是其中之一。在获得诺贝尔奖后，沃森撰写了《双螺旋》等著作，并一直活跃于公众视野之中。而克里克则仍保持着研究人员谦虚低调的本色，终生致力于科学研究。在这一点上，他与我最尊敬的电磁感应发现者法拉第极为相似。

中国古典名言

功者难成而易败。时者难得而易失。

——《史记·淮阴侯列传》

译文

功业很难成功而容易失败。机会很难遇到而容易失去。

《史记》

《史记》是汉代历史学家司马迁的名著，也是中国最早的正史，自古以来都被奉为史书的典范。全书共130卷，记载了中国从上古时代到西汉初期的历史。

《史记》最精彩的部分之一就是项羽和刘邦的楚汉之争。在项羽和刘邦对决的关键时刻，有人向刘邦的大将韩信进言，劝其脱离刘邦，自立门户，进而成为能够与项羽、刘邦三足鼎立的第三势力。当时，进言者为了劝说韩信早下决断，说出了上面这句名言。然而，韩信并未采纳这一建议。最终，他在辅佐刘邦夺取天下后，被以谋反的罪名捉拿处死。韩信在被处死前，终于明白了这句话的意义，但已悔之晚矣。

守屋的话

无论是谁，其一生中总会遇到一两次重大机遇。能否把握住难得的机遇，往往决定了此后的人生走向。

第七篇

求知之乐

了解自然的法则，探索未知的世界。在先贤伟人看来，这就是他们活着的意义之所在。年轻人肩负着开创未来的重任，也肩负着先贤伟人的无限期望。他们用一句句流传后世的名言激励着年轻人：以踏实的态度和丰富的感性，去体味求知之乐吧。这样，人的一生才不会虚度。

科学家名言

伽利略·伽利雷

自然以最高程度的简单和单纯，运行着那些令我们无限惊叹的事情。

——意大利天文学家、物理学家伽利略·伽利雷（1564—1642）

伽利略·伽利雷

在雕刻、绘画巨匠米开朗琪罗去世的那一年，伽利略出生于意大利的比萨。他从欧几里得、阿基米德等人的著作中学习了数学、物理等领域的知识，后来在比萨大学讲授数学。伽利略还曾在帕多瓦大学担任教授，负责讲授几何学、代数学、天文学。他发现了垂摆的等时性、自由落体定律，还制作了望远镜用于观测天体。因提倡日心说，伽利略晚年被教会视为异端而遭受迫害。

藤嶋的话

1609年，伽利略听闻荷兰的钟表商制造出望远镜的消息后，便亲自设计制造了30倍的望远镜，每晚用来观测星空。他观测到了月球表面的环形山，并绘制了图示。伽利略还发现了4颗木星的卫星。这些卫星后来被称为“伽利略卫星”。

中国古典名言

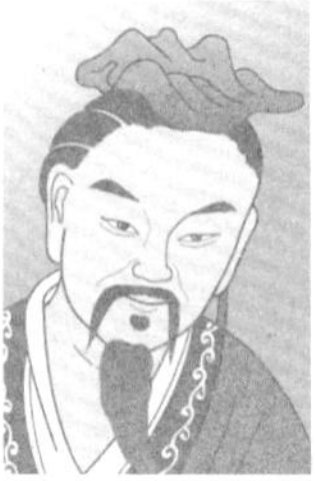
班固

百闻不如一见。

——《汉书·赵充国传》

译文

用耳朵听别人讲许多次，不如亲自用眼睛观察一次。

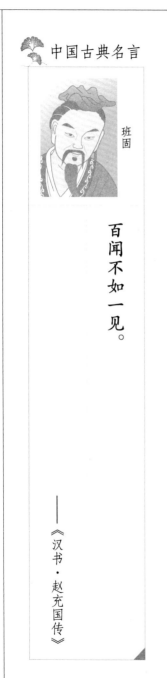

《汉书》

《汉书》是记录西汉历史的中国古代典籍，也是继《史记》之后中国的第二部正史。全书共100卷，作者为东汉的历史学家班固。《史记》是记录从上古时代到西汉初期历史的通史。与此相对，《汉书》是只记录西汉这一个朝代历史的断代史。这一体例成为此后中国史书编纂的范例。

赵充国是汉武帝时期的将军，曾在讨伐北方游牧民族匈奴的战争中立下赫赫战功。

守屋的话

“百闻不如一见”是人们耳熟能详的成语。需要注意的是，尽管这句成语强调了“见”的重要性，但并不能因此而轻视“闻”的价值。“闻”同样也是重要的认知手段。

对于一件事物，人们只有经过反复的“闻”的积累后，才会在第一次“见”的时候，感觉到之前通过“闻”获得的信息仿佛都跃然于眼前，进而对该事物产生更加全面、深刻的认识。

科学家名言

卡尔·林奈

自然不会飞跃着前进。

——瑞典医生、博物学家、生物学家卡尔·林奈（1707—1778）

卡尔·林奈

林奈曾先后在隆德大学、乌普萨拉大学攻读医学，但他对植物学抱有更加浓厚的兴趣。林奈创立了为生物命名的“双名法”，并由此构建了生物分类体系，因而被称为“分类学之父”。他最重要的著作是《自然系统》。该书出版后，林奈回到母校乌普萨拉大学担任教授，并被瑞典国王授予贵族头衔。

直到今天，生物的国际命名规则依然遵循着林奈的理论，所有生物的学名也都是依照该规则而得以确定的。与此同时，生物分类体系也随着进化论、分子生物学等领域的进步而不断完善。

藤嶋的话

10多年前，我曾经在一场国际会议上发表特别演讲。那次会议的会场就在乌普萨拉大学。会议期间的某一天，我独自一人进入林奈植物园内漫步。因为当时是夏天，直到晚上10点，天还很亮。我在院内欣赏着花花草草时，仿佛看到了林奈当年为它们命名时的身影。

中国古典名言

未有知而不行者。知而不行，只是未知。

——《传习录·上卷》

译文

没有懂得道理而不去做的人。貌似懂得道理但不去做，只是因为并没有真正懂得道理。

《传习录》

《传习录》这部中国古代典籍是阳明学的入门书。在王阳明开创的阳明心学中，最广为人知的便是重视实践的思想。对这一思想最精辟的概括就是“知行合一”。那么，究竟何谓“知行合一”呢？上面这句名言就是最好的回答。

守屋的话

“知”只有与“行”相结合，才能真正成为揭示事物本来面目的“知”。

对于这一点，王阳明还说过：“知者行之始，行者知之成。圣学只一个工夫，知行不可分作两事。”

科学家名言

阿莫迪欧·阿伏伽德罗

在相同压力、相同温度、相同体积的情况下，所有种类的气体都包含相同数量的分子。

——意大利物理学家、化学家阿莫迪欧·阿伏伽德罗（1776—1856）

阿莫迪欧·阿伏伽德罗

阿伏伽德罗大学毕业后成为律师。不过，他对数学和物理学充满兴趣，投入大量精力，进行了各种研究，终于成为都灵大学数学和物理学教研室的第一批教授中的一员。为了解释盖-吕萨克的气体反应定律与约翰·道尔顿的原子论之间的矛盾，阿伏伽德罗提出了分子假说。这一假说后来得到证实，并被称为“阿伏伽德罗定律”。

藤嶋的话

“阿伏伽德罗常数”表示1摩尔（*mol*）的任何物质所含的分子数，该数值约等于6×1023。在化学领域，与1023这个数字相对应的10月23日被称为“化学日”。每年的这一天，化学界都会举办研讨会等活动。

中国古典名言

荀子

凡人好敖慢小事，大事至然后兴之务之。如是则常不胜夫敦比于小事者矣。

——《荀子·强国》

译文

普通人喜欢轻视怠慢小事，等大事来了，才开始着手去处理。这样就常常不如那些认真办理小事的人。

《荀子》

《荀子》全书共32篇，作者是战国时代中期的思想家荀子（名况）。荀子一方面继承了孔子的思想，另一方面又在其中加入了许多自己的看法。例如，他主张“性恶论”，重视用“礼”和“义”来规范人们的行为。在荀子的思想里，“礼”和“义”的概念已经十分接近于“法”。该书探讨话题之广泛、理论条理之清晰、论证技巧之高超，在同时代的著作中可谓出类拔萃。

守屋的话

不要对小事不以为然、放任不管，小事积累多了，就会变成大事。因此，对待任何工作都一定要认真细致。

科学家名言

格雷戈尔·孟德尔

拭目以待吧，终将有一天，我的学说的正确性会得到认可。

——奥地利植物学家、遗传学家格雷戈尔·孟德尔

（1822—1884）

格雷戈尔·孟德尔

孟德尔在修道院从事神职工作的同时，进行了豌豆的繁殖实验。尽管他发现了一系列遗传规律，但这些被后世称为“孟德尔定律”的遗传规律在当时并未得到人们的认可。直到1900年，研究人员才再次重新发现了“孟德尔定律”，孟德尔也终于被称为“遗传学之父”。

藤嶋的话

新鲜事物通常很难得到当时人们的认可。现在连中学生都知道的“孟德尔定律”，竟然是孟德尔从如此简单的实验中观察得出的。他洞察事物本质的能力实在令人钦佩。从“孟德尔定律”被发现的经过也能看出，越是本质性的规律，其表现出来的形态往往也越简单。

中国古典名言

司马相如

有非常之人，然后有非常之事。
有非常之事，然后有非常之功。

——司马相如《难蜀父老》

译文

正是因为有不同寻常的人，才会干出不同寻常的事情。正是因为干了不同寻常的事情，才能建立不同寻常的功业。

司马相如

司马相如（前179—前117）是西汉文人，祖籍四川成都。他擅长创作一种被称为“赋”的文体，因而成为中国历史上的大文豪。

后世之人曾经为参加科举考试的考生编纂过一本名为《文章轨范》（正、续）的参考书。该书收录的全都是可以作为科举考试范文的优秀文章，司马相如的《难蜀父老》也被收录其中。在日本，从德川幕府末期到明治时代初期，汉文仍是文章的主流。因此，《难蜀父老》以及《文章轨范》在这一时期的日本也得到广泛流传。

守屋的话

所谓“非常之人”，往往能够打破常规思维的桎梏，但人们对他们的评价通常也是毁誉参半。

敢于在旧时代的传统和常识上打开一扇窗，让新时代的亮光照耀进来，这样的人物堪称人杰。

科学家名言

亨利·法布尔

亲眼所见，方为真知。

——法国生物学家亨利·法布尔（1823—1915）

亨利·法布尔

法布尔不仅发明了从天然茜草中提取和精炼茜素作为染料的技术，他还耗费36年心血，在自家的庭院中埋头研究昆虫的行为和本能。法布尔的巨著《昆虫记》在世界各国都受到人们的喜爱。

藤嶋的话

法布尔杰出的观察能力令人叹为观止。每位读过《昆虫记》的人，都不禁会为蚂蚁、甲壳虫等小精灵的生命故事所感动。他还为后世留下了这样的名言：

“只有那些亲自通过探索追求而发现的东西，自己才会记住。”

“我对于自己的无知，并不那么感到羞耻。对于那些不懂的事情，我会坦率地承认自己完全不懂。”

中国古典名言

由，诲女知之乎。知之为知之，不知为不知，是知也。

——《论语·为政》

译文

子路啊，让我教给你对待知与不知的态度吧。知道就是知道，不知道就是不知道，这就是关于『知道』的真谛。

《论语》

在孔子众多有名的弟子中，子路（名由）最为年长，深得孔子器重。他年少时性情刚直，好勇尚武。在拜孔子为师之前，子路常常衣着夸张，行为鲁莽。因此，孔子对他多有教诲。同时，子路也敢于对孔子提出批评。但对于上面孔子所说的这段话，子路完全心服口服。

守屋的话

想要真正做到孔子所要求的那样，谈何容易。不过，求知之人首先还是应该从不要不懂装懂做起。

科学家名言

德米特里·门捷列夫

将元素按照原子量的顺序排列起来，就能清楚地看到元素的性质具有周期性。

——俄国化学家德米特里·门捷列夫（1834—1907）

德米特里·门捷列夫

门捷列夫出生于西伯利亚，10多岁时移居圣彼得堡，长大后在中央教育大学攻读化学。他曾在法国、德国等国从事研究工作，后来返回俄国。1869年，门捷列夫将当时已经被发现的63种元素按照原子量及其性质进行了分类，进而编制了元素周期表。他还在表中留下空位，预言了镓、锗等当时未知的元素的存在。此后，这些元素都如门捷列夫所预言的那样，相继被人们发现。为了纪念他的伟大贡献，人们用门捷列夫的名字将原子序号为第101号的元素命名为“钔”。

藤嶋的话

说起元素周期表，就不能不提到原子序号为第113号的元素“*Nh*”（鉨）。该元素的正式名称为“*nihonium*”。2004年9月，以森田浩介为首的日本理化学研究所的研究团队发现了这种元素。根据惯例，发现新元素的科研团队有权提出新元素的名称及元素符号。于是，森田浩介团队根据日本国名（*Nihon*）命名了这种元素。

从氢元素开始，按照元素的性质进行分类，并编制元素周期表，这对于现代化学、材料学等领域而言，是一项奠基性的工作。这项工作的开创者正是门捷列夫。

中国古典名言

天地有万古，此生不再得。人生只百年，此日最易过。幸生其间者，不可不知有生之乐，亦不可不怀虚生之忧。

——《菜根谭·前集》

译文

天地是永恒存在的，但每个人的人生不会再有第二次。人的寿命最多不过100年左右，每一个『今天』都是转瞬即逝的。有幸生在这世间的人，应该充分体味生命的意义，好好享受生活的乐趣，同时也必须时刻警醒自己，不要虚度光阴，空耗此生。

《菜根谭》

人生难得，究竟应该如何度过呢？上面这句名言讲了两条道理：

一是享受人生之乐；

二是让人生过得充实而有意义。

如何把握好二者的平衡，值得每个人深思。

守屋的话

究竟什么才是“充实而有意义的人生”呢？不光为自己而活，同时也肩负着对社会的责任，这样的人生才会充实而有意义。

科学家名言

产业是学问的修炼场。

——日本物理学家、冶金学家本多光太郎
（1870—1954）

本多光太郎

本多光太郎就读于东京帝国大学（现在的东京大学）时，师从长冈半太郎等人。在赴德国、英国等国留学后，他回到日本，在东北帝国大学（现在的东北大学）担任第一批物理学教授。本多光太郎致力于钢铁磁性研究，发明了当时世界上最强的永久磁铁，奠定了日本磁性材料研究的基础。因而，他在日本被称为“钢铁之父”。本多光太郎曾任金属材料研究所首任所长、东北帝国大学（现在的东北大学）校长、东京理科大学首任校长等职务。

藤嶋的话

东京理科大学的校园内有一处“科学修炼场”，这里展示着东京理科大学师生的各种最新研究成果。这处“科学修炼场”正是为了继承和发扬首任校长本多光太郎的“产业是学问的修炼场”这一思想而建立的。

中国古典名言

打破砂锅问到底

万事必有故，应万事必求其故。

——《呻吟语·广喻》

译文

任何事情的发生，都必然有其原因。所以，无论处理什么事情，都必须探究其原因。

《呻吟语》

《呻吟语》的作者吕新吾是一位颇有骨气的官员。正因为他亲身感受过当时官场上得过且过、消极倦怠之风何其盛行，所以才会写出这样的名言。

毫无疑问，上面这句名言不仅适用于政治领域，也适用于人类社会所发生的一切事情。

守屋的话

只会做表面文章，无法真正解决问题。无论多么复杂的问题，只要能探明其原因何在，就能够找到解决问题的突破口。

科学家名言

中谷宇吉郎

雪花是上天的来信。

——日本物理学家、散文家中谷宇吉郎

（1900—1962）

中谷宇吉郎

中谷宇吉郎就读于东京帝国大学（现在的东京大学）时，曾受教于寺田寅彦，并在其影响下立志从事实验物理学研究。他曾赴伦敦留学，后来回到日本，在北海道帝国大学（现在的北海道大学）潜心研究雪的结晶。1936年，中谷宇吉郎成功制造出世界上第一场人工雪。与寺田寅彦一样，中谷宇吉郎也撰写了许多散文，用优美易懂的文字，将深奥的科学知识传播给普通民众。

藤嶋的话

中谷宇吉郎看到美国农夫威尔逊·本特利拍摄的摄影集后，深深地为雪花之美所打动，于是决定着手研究雪的结晶。而本特利的事迹，同样令人感动。15岁时，母亲送给他一台旧显微镜，从此，本特利便迷恋上了雪花的美丽。他先是用手工绘制的方法，对观察到的雪的结晶进行写生，后来又用照相机拍摄了大量雪的结晶的照片。作为一名业余的研究者，本特利终生痴迷于对雪的结晶的研究以及对雪花的摄影，最终取得了令人敬佩的成就。

中国古典名言

洞幽察微

愚者暗于成事，智者见于未萌。

——《战国策·赵策》

译文

愚蠢的人在事情已经结束之后，还稀里糊涂，不明就里。而智慧的人在事情尚未发生之前，就已洞察先机。

《战国策》

《战国策》全书共33卷，按照中国战国时代的国别编纂，主要记录了当时在各国游说的说客的言论。战国时代，中国大地上群雄并立，其中7个国家最为强大，被并称为“战国七雄”。说客们游走于各国之间，向各国君主提出种种外交战略、政策主张。该书收录的许多雄辩之言，即使在今天，也能够作为进行谈判、说服他人的绝佳范例。

守屋的话

所谓智者，不仅要明于事理，还必须具备超凡的洞察力。能否抓住转瞬即逝的机遇，往往取决于洞察力的敏锐程度。那么，如何才能成为智者呢？无非是要做到以下这两点：

一是要汲取先贤伟人的智慧。

二是要积累丰富的人生经验。

科学家名言

约翰·冯·诺依曼

我造出了『诺依曼型的电脑』。

——匈牙利犹太裔美籍数学家约翰·冯·诺依曼（1903—1957）

约翰·冯·诺依曼

冯·诺依曼自幼接受精英教育，青年时代曾先后在布达佩斯大学、柏林大学、苏黎世大学攻读数学、化学。移居美国后，他在普林斯顿高等研究所担任数学教授。从创立博弈论并将其应用于经济学，到提出“诺依曼型电脑”构想，冯·诺依曼一生涉足的科学领域极为广泛，并且在不同领域都创造了足以改变世界的伟大成就。

藤嶋的话

据说，冯·诺依曼8岁时便已完全掌握了微积分。他和爱因斯坦一样，都是犹太裔科学家。由此可见，犹太民族为人类的科学发展做出了巨大的贡献。

冯·诺依曼创立的博弈论已经成为当今经济学领域的基本原理之一。他提出的“诺依曼型电脑”构想，成为现在几乎所有电脑的基本运行架构。冯·诺依曼所做出的这些开创性的贡献，将永载人类史册。

中国古典名言

墨子为木鸢，三年而成，蜚一日而败。弟子曰，先生之巧，至能使木鸢飞。墨子曰，吾不如为车輗者巧也。用咫尺之木，不费一朝之事，而引三十石之任，致远力多，久于岁数。今我为鸢，三年成，蜚一日而败。惠子闻之曰，墨子大巧。巧为輗，拙为鸢。

——《韩非子·外储说左上》

译文

墨子用木头制作形似鹞鹰的飞行器，花了三年的时间才制作成功，但只在天上飞了一天就坠毁了。墨子的弟子说：『先生的技艺如此精妙，竟然能让木头鹞鹰在天空中飞翔。』墨子说：『我不如制作车輗的人技艺高明。他们使用短短的一截木料，花费不到一天的时间就能做好。使用这种车輗的大车可以拉动三十石的重物，送到很远的地方，力量很充沛，而且使用许多年都会不损坏。而我制作木头鹞鹰，花了三年时间才制成，飞了一天就毁坏了。』惠子听说了这件事后说道：『墨子是真正的高明之人，他明白做车輗这种有用之物的技艺才是巧妙的，而制作木头鹞鹰这种无用之物的技艺则是拙劣的。』

守屋的话

墨子制作木鸢的故事千载流传，可见他是一名技艺高超的匠人。同时，作为思想家，墨子的许多观点都极富哲理。例如，在上面这个故事中，墨子的话就很好地揭示了技术的精髓和实质。

科学家名言

朝永振一郎

因为感到不可思议而去琢磨，此为科学之芽。经过认真观察，确认事实，然后展开思考，此为科学之茎。谜题最终得以解开，此为科学之花。

——日本物理学家朝永振一郎（1906—1979）

朝永振一郎

朝永振一郎毕业于京都帝国大学（现在的京都大学）理学部物理学科。在理化学研究工作一段时间后，他赴德国莱比锡留学，在沃纳·海森堡的研究小组学习核物理学和量子理论。回到日本后，朝永振一郎担任东京教育大学（现在的筑波大学）教授，后来成为该校校长。他提出了与相对论相结合的“重正化理论”，解决了量子力学中的理论矛盾，并因此在1965年与理查德·费曼、朱利安·施温格一同获得诺贝尔物理学奖。此外，朝永振一郎还积极参与了反对核试验的和平运动。

藤嶋的话

对于我这样专攻化学领域的研究者来说，量子力学可谓是基础中的基础。直到今天我都还清楚地记得，在大学二年级的春假期间，我和同年级的几位同学在伊豆（**译注：日本的旅游胜地**）等地的民宿里轮流研读朝永振一郎的著作《量子力学》（上、下）。当我们花了5天时间，终于读完这厚厚两大本巨著时，心情无比激动，于是一起登上了当地的山峰。转眼50多年过去了，当年的情景仍历历在目。

中国古典名言

兴趣是最好的老师

知之者，不如好之者。好之者，不如乐之者。

——《论语·雍也》

译文

无论对于什么事情，知道它的人不如爱好它的人，爱好它的人又不如以它为乐的人。

《论语》

孔子一生颠沛流离，但他始终泰然处之。上面这句名言或许就是孔子得以在逆境中安享人生之乐的秘诀。

守屋的话

常言道："唯有热爱，才有成功。"无论干什么工作，如果内心不情不愿，就不可能获得进步和提升，也不可能取得任何成就。一个人如果处于这样的工作状态，就连旁观者看在眼里，也会替他感到难受。

科学家名言

比尔·盖茨

一个点子，如果没有至少遭到过一次嘲讽，那就称不上是独具灵感的创意。

——美国实业家、电脑软件开发者比尔·盖茨（1955年）

比尔·盖茨

盖茨高中时就对电脑抱有浓厚兴趣。进入哈佛大学后，他和朋友共同开发了编程语言“BASIC”。后来，盖茨从大学休学，创立了微软公司。随着MS-DOS、Windows等一系列重要软件产品不断在全球市场大获成功，微软公司迅速成为全世界最大的软件公司。目前，盖茨已经辞去微软公司董事长的职务。他与妻子共同创办了慈善团体，全身心地投入到消灭贫困等慈善事业之中。盖茨还收藏了许多人类历史上具有里程碑意义的文物，如谷腾堡《圣经》、达·芬奇手稿等。

藤嶋的话

盖茨小学时就阅读了大量人类历史上那些伟大发明家的传记，10岁之前就从头到尾翻烂了家里的百科全书。他高中时和朋友一起创业，开办了公司，并将自己开发的交通量计量预测系统送交给州政府使用。可见，盖茨从小就有着不同于常人的思维方式和行为模式。

中国古典名言

上士闻道，勤能行之。中士闻道，若存若亡。下士闻道，大笑之。弗笑不足以为道。

——《道德经·第四十一章》

译文

杰出之人听闻了『道』，就会积极努力去践行。平庸之人听闻了『道』，会半信半疑，有时记住，有时遗忘。顽愚的人听闻了『道』，会大加讥笑。但如果没有遭到他们的讥笑，『道』反而就称不上『道』了。

《道德经》

《道德经》强调的“道”，是指万物的根源、最高的真理。但是，“道”又是虚无缥缈、看不见摸不着的。《道德经》的所有论述均是以“道”的存在为前提而展开的。上面这句名言描述了不同的人对于“道”的不同态度和反应。

守屋的话

无论哪个时代，超出常识范围的创见和灵感，往往都很难得到当时人们的接受和理解。这就是先行者的宿命。

后记

作为本书的作者之一，这话从我口中说出来，您可能会觉得有些奇怪。不过，我还是想说："这真是一本奇特的书啊！"

这本小书之所以能够出现在您面前，完全是因为藤嶋先生的提议。当时，他刚向我提出这个想法，就立即引起了我内心的强烈共鸣。于是，我满心欢喜地与藤嶋先生合作完成了这本小书。

藤嶋先生的提议让我动心的理由有两条。

其一，他虽然是理工科方面的专家，但同时也对中国古代典籍有着深厚的情感和深入的研究，是中国古代先贤伟人在现代社会中难得的理解者、共情者。

其二，我想借此机会，让更多从事理工科研究的人能够窥见中国古代智慧之一斑，从而感受到中国古代典籍的魅力。

在这篇后记里，我还是想再次引用《易经》里的一句名言："君子以多识前言往行，以畜其德。"

这句话的意思是，要多学习先贤伟人的言行，从中汲取经验和智慧，以磨炼自己为人处世的能力，提高自身的品德修养。我由衷地期盼，这本小书能够为您也做到这一点提供些许的帮助。

书中的“中国古典名言”，有近四成取自《论语》《道德经》《菜根谭》《呻吟语》这四部中国古代典籍。这并非藤嶋先生和我有意为之，而是我们随心而为的结果。

这些中国古代典籍无一不是人生哲学的教科书。从古至今，人们对它们可谓常读常新。如果您此时此刻正准备尝试着去阅读中国古代典籍，那么这本小书也许能够为您打开一条相对便捷的小径，让您更容易走进那个丰富而深邃的精神世界之中。

说着说着，不知不觉就变成自卖自夸了。最后，请允许我再次向为我提供这次宝贵机会的藤嶋先生，致以最诚挚的感谢。

守屋洋